STUDIUM GENERALE
der Ruprecht-Karls-Universität
Heidelberg

AF829934

Sammelband der Vorträge
des STUDIUM GENERALE
der Ruprecht-Karls-Universität Heidelberg
Wintersemester 2015/2016

Herausgegeben von der
Ruprecht-Karls-Universität Heidelberg

Wasser

Herausgegeben von

Óscar Loureda

Mit Beiträgen von

Hermann H. Hahn,
Marcus Nüsser,
Werner Aeschbach und
Ute Mager

HEIDELBERG
UNIVERSITY PUBLISHING

Bibliografische Information der Deutschen Nationalbibliothek
Die Deutsche Nationalbibliothek verzeichnet diese Publikation
in der Deutschen Nationalbibliografie. Detaillierte bibliografische Daten
sind im Internet unter http://dnb.ddb.de abrufbar.

Dieses Werk ist unter der Creative Commons-Lizenz 4.0
(CC BY-SA 4.0) veröffentlicht.

Die Online-Version dieser Publikation ist auf den Verlagswebseiten von
HEIDELBERG UNIVERSITY PUBLISHING http://heiup.uni-heidelberg.de
unter der Rubrik Campus Media dauerhaft frei verfügbar (open access).
doi: https://doi.org/10.17885/heiup.studg.2018.0

Umschlagabbildung: iStock / temmuz can arsiray

Text © 2018. Das Copyright der Texte liegt beim jeweiligen Beitragsautor.

ISSN 2510-0254
eISSN 2511-4921

ISBN 978-3-946054-45-0 (Softcover)
ISBN 978-3-946054-44-3 (PDF)

Inhaltsverzeichnis

Vorwort

Das Prinzip aller Dinge ist Wasser; aus Wasser ist alles, und ins Wasser kehrt alles zurück.

Thales von Milet

Als archē, den Ursprung allen Seins, bezeichnete der griechische Mathematiker und Naturphilosoph Thales von Milet (um 625–545 v. Chr.) das Wasser. Er war der Erste, der Ursprung und Ende des Alls auf ein einziges Element zurückgeführt hat, denn „aus Wasser, sei es in festem, sei es in flüssigem Zustande, bestehe das Universum".

Der größte Teil der Oberfläche unseres Planeten ist von Wasser bedeckt. Davon entfällt auf das Salzwasser der Weltmeere mehr als 96 %, der vergleichsweise kleine Rest ist das für uns Menschen so kostbare Süßwasser. Wasser ist Leben, knappe Ressource, Ware, Ursache von Konflikten weltweit: Entsprechend vielfältig sind die Forschungsschwerpunkte und fachlichen Expertisen der Wissenschaftlerinnen und Wissenschaftler, die im Rahmen des Studium Generale zum Thema „Wasser" im Wintersemester 2015/2016 nach Heidelberg eingeladen wurden. Vertreten waren die Ingenieurwissenschaften, die Geographie, Biologie, Umweltphysik, Politikwissenschaften, Agrarwissenschaften und Rechtswissenschaften. Neben Kollegen der Ruperto Carola trugen Referentinnen und Referenten aus Halle-Wittenberg, Hohenheim, Karlsruhe und München ihre Sicht auf das Thema vor. Ihnen allen möchte ich herzlich dafür danken, dass sie mit ihrem Beitrag die Vortragsreihe ermöglicht haben. Wir wollen Ihnen, liebe Leserinnen und Leser, mit diesem Sammelband die Möglichkeit bieten, einige der Vorträge in der Zusammenschau noch einmal nachverfolgen und nachlesen zu können.

Einleitend in diesem Band stellt Hermann H. Hahn, emeritierter Professor für Siedlungswasserwirtschaft, Wasser als ökonomisches und ökologisches Gut vor. Er befasst sich in seinem Beitrag sowohl mit dem Preis von Wasser als auch mit seinem Schutz und beleuchtet die Frage, wer Wasser „besitzen" kann und wer Verantwortung trägt.

Marcus Nüsser, Geograph am Südasien-Institut der Universität Heidelberg, beschäftigt sich mit den Veränderungen der Gletscher im Himalaya und mit den Konsequenzen und Problemen, die daraus für Mensch und Umwelt in der Region und darüber hinaus entstehen.

Um die Datierung von Wasser geht es im Beitrag des Heidelberger Umweltphysikers Werner Aeschbach. Er beschäftigt sich unter anderem mit der Frage, ob das Grundwasserreservoir der Erde in überblickbaren Zeiten erneuert wird oder ob es „fossil" und damit ebenso endlich ist wie Erdöl. In diesem Zusammenhang stellt er sowohl alte als auch neue Datierungsmethoden für Wasser vor.

Abschließend beschäftigt sich die Heidelberger Rechtswissenschaftlerin Ute Mager vom Institut für deutsches und europäisches Verwaltungsrecht mit der Idee eines Menschenrechts auf Wasser. Sie erläutert die Begründbarkeit und Bedeutung eines Grundrechts auf Wasser im Völkerrecht und im Europarecht und geht auf einzelne nationale Rechtsordnungen mit Schwerpunkt auf Deutschland ein.

Liebe Leserinnen und Leser, ich wünsche Ihnen bei der hoffentlich anregenden Lektüre des vorliegenden Bandes möglichst viele gewinnbringende Einblicke in die aktuelle wissenschaftliche Forschung zum Thema Wasser. Ich würde mich freuen, Sie auch im Rahmen der nächsten Vortragsreihe des Studium Generale an der Universität Heidelberg begrüßen zu dürfen.

Prof. Dr. Óscar Loureda
Prorektor der Universität Heidelberg

Wasser als ökonomisches und ökologisches Gut

Hermann H. Hahn

Oft werden „Ökonomie“ und „Ökologie“ als einander ergänzende oder stützende, jedenfalls nicht im Widerspruch zueinander stehende Konzepte erklärt oder definiert. In meinem Beitrag will ich das nicht im Detail untersuchen und diskutieren, sondern eher die beiden Betrachtungsweisen in additiver Form einsetzen. Ich will einzelne, mir wichtig erscheinende Funktionen des Wassers, des gesamten aquatischen Lebensraumes, sowohl unter ökonomischen als auch unter ökologischen Gesichtspunkten ansprechen und damit vielleicht eine größere Summe von bedenkenswerten Kriterien und daraus für uns abzuleitenden Handlungsempfehlungen benennen.

„Ökonomisch“ will ich hier vereinfacht als ‚den Regeln der Wirtschaft im weitesten Sinne folgend‘ verstehen. Aber nicht nur in einer Betrachtungsweise, die zu den vielzitierten Dollarzeichen in den Augen führt. „Ökonomie“ ist nach Meyers Enzyklopädischem Lexikon zum einen wirtschaftlich begründetes Denken und Handeln und zum anderen auf die wissenschaftliche Untersuchung von Wirtschaftsformen gerichtet. Und der Begriff „ökologisch“ soll im Folgenden das gesamte Gefüge der belebten Umwelt mit ihrer Basis, dem umgebenden und bestimmenden Land beinhalten und auch hier nicht nur im engeren Sinne wie z. B. von ‚Greenpeace-Aktivitäten‘ verstanden werden. „Ökologie“, sagt zudem Meyers, ist derjenige Teilbereich der Biologie, der sich mit den Wechselbeziehungen zwischen den Organismen und der unbelebten Umwelt befasst.

Um direkt mit der Tür ins Haus zu fallen, will ich feststellen, dass Wasser als ökonomisches Gut direkt mit einem Preis versehen, ja sein Wert tatsächlich quantifiziert werden kann. Zwei Beispiele will ich dazu anführen und diese ein wenig ausführlicher darstellen.

Da ist als Erstes der sog. heutige *Preis des Wassers*, des Trink- wie auch des Industriebrauchwassers. Wenn ich dabei die Vokabel *Preis*, ja sogar *Marktpreis* verwende, so ist das im volkswirtschaftlichen Sinne nicht ein Preis, der sich aus Angebot und Nachfrage ergibt. Denn die nachfragenden Marktteilnehmer haben in der Regel keine Wahl zwischen verschiedenen Anbietern; aufgrund der vorzuhaltenden Infrastruktur gibt es in der Regel nur einen Anbieter in einer Region. Dieser kann allerdings, wie wir in den Zeiten der Privatisierung und jetzt auch in jüngster Zeit bei der Rekommunalisierung erleben, wechseln. Manchmal hatten Verbraucher – vor allem in der Vergangenheit – in bestimmten Regionen den Eindruck, es sei ein diktierter Preis. Hinzu kam, dass manche Regiebetriebe die Einnahmen aus der Wasserversorgung zur Querfinanzierung anderer kommunaler Aufgaben nutzten . Eine den volks- oder betriebswirtschaftlichen Regeln folgende Analyse und Weitergabe sog. Vollkosten ist in Regiebetrieben nicht immer erfolgt: Als Wirtschaftsbetriebe geführte Einrichtungen zur Wasserversorgung zeigten hier ein wirklichkeitsnäheres Bild. Darüber hinaus ist bei der Kosten- oder Wirtschaftlichkeitsdiskussion auch im Auge zu behalten, dass die Ziele solchen Handelns an die Erfüllung von Standards gebunden sind. Und diese Standards sind zwar meist vergleichbar innerhalb einer gesamten Region, aber sie sind kaum mit wirtschaftlichen Argumenten zu stützen. Und schließlich sind da noch die unterschiedlichen Standortvorteile der einzelnen (kommunalen oder auch privaten) Betriebe. Wasserpreise führten in Deutschland, insbesondere in den Jahren nach der Wiedervereinigung, aufgrund regionaler Unterschiede zu teilweise emotionalen Argumentationen[1] bis hin zu streikartigen Aufständen.

Als Zweites will ich auf die nicht nur für Deutschland existierende, aber dort weit ausgereizte *Abwasserabgabe* als einen quantitativen Hinweis für den Wert des Wassers eingehen. Es ist dies ein Preis, den die jeweilige Gesellschaft ihrem Oberflächenwasser (Flüsse, Seen etc.) zumisst. Die Abwasserabgabe ist eine Gebühr (manche haben auch zu Unrecht von einer Steuer gesprochen), die bei der Einleitung von

[1] Bei den regelmäßig vorgelegten Berichten der Versorger und den dazu gehörigen Pressekonferenzen wurden nicht selten nahezu kontraproduktive Entwicklungen erkennbar: Aufgrund von Kostensteigerungen fühlte sich der Verbraucher aufgefordert zu sparen, was jedoch bei der die Infrastruktur einbeziehenden Berechnung des Einheitspreises zu nochmaligen Erhöhungen führte. Der folgsame Verbraucher fühlte sich fast zum Narren gehalten.

gereinigtem, aber immer noch naturfremde Stoffe enthaltendem Abwasser in das empfangende Gewässer erhoben wird. Die Höhe der Abgabe wird so festgelegt, dass der Betreiber einer Reinigungs- und Einleitungsanlage dazu gezwungen oder, eleganter gesagt, dazu angeregt wird, selbst umfänglich zu reinigen, um die Abgabe zu verringern oder weitestgehend zu vermeiden. Und je höher die Abgabe gesetzt wird, je weiter also gereinigt wird, desto besser wird die sich im Gewässer einstellende Gewässergüte sein. Manche nicht unbedingt fachkompetenten Verfechter der Abgabe haben sie auch als einen Wert interpretiert, den die Wassernutzer dem aufnehmendem Gewässer beimessen.

Wasser ist schon in historischer, man könnte auch sagen: biblischer Zeit[2] als ökonomisches Gut gesehen worden. Auch hier zwei Streiflichter kurz dargestellt:

Das Vorhandensein von Wasser, von qualitativ gutem Wasser, ist in sehr vielen Fällen der Grund für Menschen gewesen, sich anzusiedeln. Diese Beobachtung lässt sich noch pointierter formulieren: Erst durch die Verfügbarkeit von Wasser haben sich in historischer Zeit Hochkulturen entwickeln können. Als Beleg seien die assyrischen oder auch die ägyptischen Kulturentwicklungen angeführt. Auch für unseren eigenen Raum gilt, dass nicht nur der siedelnde Mensch „das Gewässer“ suchte, sondern dass er auch für seine landwirtschaftlichen Aktivitäten, vor allem aber für seine Gewerbe- und Industrieansiedlungen bevorzugt Standorte entlang sog. leistungsfähiger Gewässer und großer Seen oder geeigneter Meeresküsten wählte. Für manche Flusseinzugsgebiete lassen sich zum Beispiel in der Phase der Industrialisierung ganze Muster gleichartig organisierter Industrieansiedelungen finden, so z. B. am Nebenfluss „A“ Papierfabriken, andere Typen von Industrie, z. B. Lederherstellung, am nächstfolgenden Nebenfluss „B“. – Heute sind viele von diesen eher homogenen Industrieansiedelungen aufgrund des zunehmenden Drucks des (deutschen) Gewässerschutzes und auch durch die Möglichkeit der globalen Aufgabenteilung aufgegeben, d. h. meist ins Ausland verlagert worden.

Diese Entwicklung in der Phase der Besiedlung, vor allem der gewerblichen und industriellen Entwicklung, diente dann auch der

[2] Die große Bedeutung von Wasser und seiner rechten Nutzung führte dazu, dass der Begriff *Wasser* zu den häufigsten in der Bibel genannten gehört.

Weltbank oder dem deutschen Entwicklungshilfeministerium als Grundlage für die Formulierung von Positionspapieren in der Phase der aufkeimenden Entwicklungspolitik der sich industrialisierenden Länder. In diesen Papieren wurde festgestellt, dass die Bereitstellung von Wasser eine Initiativmaßnahme sei für weitere fast automatisch folgende wirtschaftlich sinnvolle Entwicklungen in den sich entwickelnden Regionen.[3]

Wasser als *ökologische* Determinante

Man kann sagen, dass jegliches Leben, unser eigenes aber auch historisch dokumentiertes, im Wasser begonnen hat. Wasser ist auch heute noch *unverzichtbar für jedes Leben*, wie wir es verstehen.[4] Dies ist die ökologische Dimension des Wassers, wenn man Ökologie als Gesamtheit der Wechselbeziehungen in einem Biotop (Meyers!) sieht.

Um die Funktion des Wassers im ökologischen Gewebe zu erhalten, wird Wasser *in vielerlei Weise geschützt*. In dieser Bedeutung, ‚die Natur schützend', wird der Begriff „ökologisch" heute meist verstanden. Verändernde Eingriffe und Belastungen des Wassers stören lebensnotwendige Gleichgewichte. Sie werden deshalb zu vermeiden gesucht mit Maßnahmen, die unter dem Stichwort oder sogar Schlagwort „Gewässerschutz" zusammengefasst sind. Besonders eingängig illustriert dies zum Beispiel die Festlegung von Grenzwerten für die Einleitung gefährlicher Stoffe in ein Gewässer. Die Grenze wird folgendermaßen ermittelt oder festgelegt: In einem aquatischen Biotop wird die Aufnahme, die Wiederabgabe und die eventuelle Anreicherung solcher Stoffe bestimmt, und dies über einen längeren Zeitraum. Dabei versucht man dann durch die Festlegung eines Grenzwertes sicherzustellen, dass kein Glied der ökologischen Gemeinschaft, auch bei allen Anreicherungen etc., Schaden nehmen wird. Ähnlich wird auch versucht, der Veränderung von gegenwärtig bestehenden Gleichgewichten entgegenzuwirken. Sehr früh wurden

[3] Fast kritisch muss man hier anmerken, dass diese Positionspapiere die Initiativrolle einer funktionierenden Wasserbereitstellung so eindeutig oder auch so eng gesehen haben, dass der Entsorgung des entstehenden Abwassers, ja eigentlich dem Gewässerschutz, kaum Aufmerksamkeit gewidmet wurde.

[4] Die jüngsten Berichte über die Erkundung des Mars, in denen von Erosionsrinnen an den Steilhängen von Kratern berichtet wird, welche darauf hindeuten, dass dort möglicherweise Wasser fließt oder gar Eis vorkommt und somit eine wie auch immer geartete Form von Leben möglich ist, illustrieren diese Schlüsselfunktion des Wassers für das Leben, so wie wir es erkannt haben.

solche Bemühungen deutlich bei der Formulierung von sog. Wärmelastplänen, z. B. für den Rhein (ein nicht ganz einfaches Unterfangen im Konzert unterschiedlicher internationaler Interessen). Temperatursprünge einerseits, also die Erhöhung der Fluss- oder Seenwassertemperatur nach Einleitung des Kühlwasserstromes, und eine Gesamterhöhung der Wassertemperatur andererseits (meist am belastetsten Punkt des Gewässers) sollten festgelegte Grenzen nicht überschreiten. Dabei wurden die Grenzen so gesetzt, dass sich der Charakter der Gewässer nicht verändern sollte, also kein sommerkalter Fluss zu einem subtropischen oder gar tropischen Gewässer werden würde.

Zwischen der ökonomischen und der ökologischen Betrachtungsweise, vielleicht auch als verbindende Brücke, steht die Frage, *wer für das Wasser verantwortlich ist*, wer es ‚besitzt', wer oder wo seine Lobby ist. Ähnliches gilt natürlich auch für die Umweltkompartimente Luft und Boden, wobei das Kompartiment Luft heutzutage zumindest sehr viel Aufmerksamkeit erhält, weil eine schlechte Luftqualität und hohe Luftbelastung von jedem und fast überall unmittelbar spürbar sind. Der Boden hingegen ist mit seinen eher langsamen Reaktionscharakteristiken bei weitem noch nicht so in der öffentlichen Wahrnehmung verankert wie die beiden anderen Kompartimente.

In seinem aufrüttelnden Essay „Die Tragik des Gemeindeangers" („Tragedy of the common"[5], 1968) gibt Garrett Harding ein beredtes Beispiel für eine Summe von Argumenten, die beiden Bereichen, dem ökonomischen und dem ökologischen, zuzuordnen sind und damit diese von mir so genannte Brückenfunktion illustrieren. Zusammengefasst lassen sich die einzelnen Schritte oder Phasen wie folgt beschreiben: Ein landwirtschaftlich tätiger Bürger einer Gemeinde im Mittelalter, wo in vielen Gemeinden die Einrichtung eines Gemeindeangers, also einer Wiese im öffentlichen Besitz, zu finden ist, kann, wie alle anderen Gemeindeglieder, sein Tier, sei es eine Ziege oder ein Schaf oder auch eine Kuh, auf diesem Anger weiden lassen. Nehmen wir einmal an, dass ein Landwirt in materieller Hinsicht Glück gehabt hat, er z. B. wenig Verluste durch Krankheit etc. hinzunehmen hatte. Deshalb überlegt er, mit dem Nichtausgegebenen, dem Ersparten, ein

[5] Garrett Harding, "Tragedy of the Commons", Science 13 December 1968: Vol. 162 no. 3859 pp. 1243–1248

weiteres Tier zu erwerben und auf dem Anger weiden zu lassen. Dem aufgeklärteren Gemeindemitglied ist dabei klar, dass sein schon vorhandenes Tier nun weniger zu fressen bekäme, aber der Gewinn aus dem Weiden eines zweiten Tieres weit höher anzusetzen ist. Also erwirbt er ein weiteres Tier. Man sollte wohl hinzufügen, dass manche so Argumentierenden auch um die Einschränkungen der anderen Weidenutzer wissen, sie aber in ihrer Argumentation nicht berücksichtigen. Lassen Sie uns annehmen, dass mehrere oder sogar alle potentiellen Nutzer des Gemeindeangers so denken und handeln. Da wird dann deutlich, dass die Idee des Gemeindeangers, für den zunächst niemand zu bezahlen hat, der ein öffentliches Gut ist, bald überweidet ist. Das Konzept dieser öffentlichen Weide bricht zusammen. Man erkennt unschwer, dass der Gemeindeanger für unsere öffentlichen Güter, Luft, Wasser und Boden, stehen könnte oder stehen müsste. – Eine Lösung des Dilemmas wäre z. B., den Wert für die Nutzung solcher öffentlichen Güter zu ermitteln und jedem Nutzer so in Rechnung zu stellen, wie dieses Gut ge- oder verbraucht wird (siehe die Argumente in der Entwicklung der Abwasserabgabe im vorangehenden Abschnitt).

Heute werden diese Fragen der Wassernutzung vielfach erörtert: Nutzung auf der einen Seite und Schutz in fast absoluter Form auf der anderen Seite. In den sich entwickelnden Ländern geschieht dies vor allem unter materiellen Gesichtspunkten. Dort interessiert vielmehr zunächst und vorrangig die Nutzung oder sogar Ausnutzung dieser Ressource, die vordergründig allen oder niemandem gehört. Mit den Erfahrungen der industrialisierten Länder wird unter dem Stichwort ‚Entwicklung' immer wieder auch auf die Schlüsselrolle des Schutzes des öffentlichen Gutes Wasser hingewiesen. Die sich entwickelnden Länder argumentieren in großem Umfang immer noch wie der zuvor beschriebene historische Bürger. Und dies nun im Kontext eines globalen öffentlichen ‚Weidegrundes'.

Wasser ist mit seinen vielfachen Wertigkeiten und Funktionen seit längerer Zeit Gegenstand multidisziplinärer Untersuchungen. Die dabei gewonnenen Erkenntnisse sind von Region zu Region und durch die jeweiligen Gesichtspunkte des Analysten unterschiedlich. Dennoch kann man als Wasserinteressierter sicherlich sagen, dass dieses Umweltkompartiment schon in historischer Zeit, vor allem aber jetzt, vielfach erforscht, vielfach geschätzt und auch geschützt wird. Dies gilt nicht unbedingt für die in mancherlei Weise verwandten Umweltkompartimente Luft und Boden, die darüber hinaus mit Wasser in mehr oder weniger intensiven Wechselwirkungen stehen. So könnte die ‚Geschichte vom Wasser', seine Erforschung, seine kulturellen Komponenten wie z. B. seine je spezifische Gesetzgebung und die Anstrengungen zu seinem Schutz in mehr als einer Hinsicht auch als beispielhaft für die teilweise noch ausstehenden Entwicklungen in den Kompartimenten Luft und vor allem für den Boden sein.

Die Gletscher des Himalaya: vom „Wohnsitz des Schnees" zum soziohydrologischen Wirkungsgefüge

Marcus Nüsser

Die Bedeutung der Gebirgsgletscher als hydrologische Speicher zur Sicherung des Wasserangebots in den angrenzenden Tiefländern rechtfertigt die Einordnung von Hochgebirgen als globale Wassertürme (Viviroli et al. 2007). Damit wird der Eisrückgang in diesen sensitiven Räumen implizit als Bedrohung für zukünftige sozioökonomische Entwicklungsmöglichkeiten angesehen. Dieser Zusammenhang gilt insbesondere für die Region des Himalaya, die durch wachsende Bevölkerungszahlen in den dicht besiedelten Gebirgsvorländern und Schwemmebenen von Indien, Pakistan, Nepal und Bangladesch gekennzeichnet ist. Schon der aus dem Sanskrit stammende Name *Himalaya,* der sich als Wohnsitz *(ālaya)* des Schnees *(hima)* übersetzen lässt, stellt die Speicherfunktion der Kryosphäre für die Sicherstellung eines beständigen Abflusses heraus. Die Konnektivität zwischen den Ressourcen gefrorenen Wassers in Form von Eis, Schnee und Permafrost in den vergletscherten Einzugsgebieten und dem steigenden Wasserbedarf im Tiefland lässt die Metapher des südasiatischen Wasserturms für den Himalaya-Bogen angemessen erscheinen.

Mit der Veröffentlichung des vierten Sachstandsberichts durch den Weltklimarat IPCC *(Intergovernmental Panel on Climate Change)* setzte vor zehn Jahren eine breite Debatte um die Entwicklung der Gletscher im höchsten Gebirgsraum der Erde ein. Ausgangspunkt war eine alarmierende Prognose im Kapitel über Asien, nach der die Himalaya-Gletscher bis zum Jahr 2035 verschwinden würden:

> „Glaciers in the Himalaya are receding faster than in any other part of the world [...] and, if the present rate continues, the likelihood of them disappearing by the year 2035 and perhaps sooner is very high if the Earth keeps warming at the current rate. Its total area will likely shrink from the present 500,000 to 100,000 km² by the year 2035“ (Cruz et al. 2007: 493).

Die isoliert in einem Kapitel stehende Aussage über den rapiden Rückgang der Himalaya-Gletscher wurde von den Medien aufgegriffen und brachte den gesamten 938 Seiten umfassenden IPCC-Bericht in Misskredit. Im Kreuzfeuer der Kritik erschien die Entwicklung der Himalaya-Gletscher als umstrittene Geschichte. Nach intensiven Diskussionen wurde die Prognose als offenkundig falsch erkannt (Cogley et al. 2010) und der IPCC musste im Januar 2010 einräumen, dass die angegebene Dimension des Gletscherrückgangs („faster than in any other part of the world“) auf mangelhaft belegten Schätzungen und einer unkritischen Übernahme nicht ausreichend fundierter Quellen basierte. Gleichzeitig aber führte die Kontroverse auch zu einem signifikanten Aufschwung an Gletscherstudien im Himalaya, der bis in die Gegenwart ungebrochen ist (Abb. 1) und den „Wohnsitz des Schnees“ zu einem Forschungsschwerpunkt des globalen Klimawandels machte. Insofern bildet der IPCC-Bericht aus dem Jahr 2007 eine Zäsur in der Himalaya-Forschung.

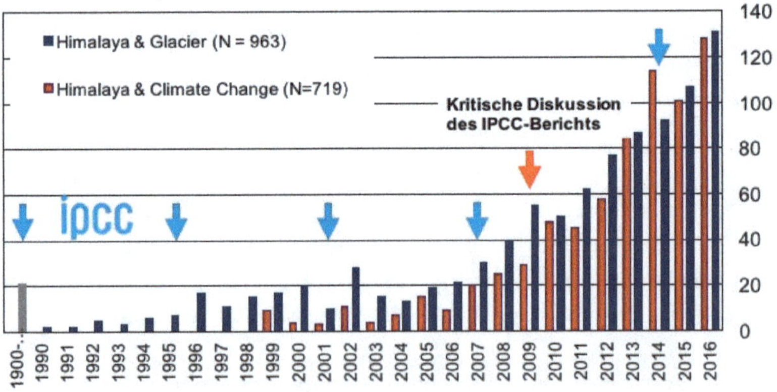

Abb. 1: Anzahl der Publikationen in referierten wissenschaftlichen Zeitschriften zu den Suchbegriffen *Himalaya, Gletscher* und *Klimawandel* von 1900 bis 2016 (Datengrundlage: Web of Science).

Das zunehmende wissenschaftliche Interesse an Gletscherstudien im Himalaya beruht auf den nach wie vor bestehenden Unsicherheiten über das Ausmaß und die Konsequenzen der Veränderungen im Bereich der Kryosphäre, in der Wasser in gefrorener Form gespeichert wird. Darüber hinaus werden die zurückgehenden Gletscher des Himalaya in Medien und Öffentlichkeit zu wirkmächtigen Ikonen des globalen Klimawandels. Im vorliegenden Überblicksbeitrag werden diese Unsicherheiten diskutiert, mit regionalen Fallbeispielen illustriert und in den breiteren Kontext der Mensch-Umwelt-Forschung im Hochgebirge eingebunden.

Das große Bild der Gletscherveränderungen im Himalaya (*The Himalayan Scale*)

Als höchstes Gebirge der Erde trennt der etwa 2500 km lange Himalaya-Bogen zwischen den Massiven des Nanga Parbat (Foto 1) im Nordwesten und Namcha Barwa im Südosten die Schwemmebenen der Flüsse Indus, Ganges und Brahmaputra vom tibetischen Hochplateau (Abb. 2).

Abb. 2: Die Himalaya-Region mit umgebenden Gebirgszügen (vereinfacht nach Nüsser 2012, Kartographie: N. Harm).

Foto 1: Das breit angelegte Gebirgsmassiv des Nanga Parbat (8126 m) bildet den nordwestlichen Eckpfeiler des Himalaya (Aufnahme: Marcus Nüsser, 13. September 2006).

Foto 2: Der Kangchenjunga (8586 m) ist der östlichste Achttausender des Himalaya. Wörtlich übersetzt als „Fünf Schatzkammern des Schnees", symbolisiert der Berg die religiösen Bedeutungszuweisungen der Himalaya-Gletscher (Aufnahme: Marcus Nüsser, 6. April 2011).

Zusammen mit den Ketten des Hindukusch und Karakorum bildet diese sich über mehr als zwanzig Längengrade und etwa fünfzehn Breitengrade erstreckende Gebirgsregion die markante naturräumliche Grenze zwischen dem südasiatischen Subkontinent und Zentralasien und wird in der Literatur häufig als Hindukusch-Karakorum-Himalaya (HKH) zusammengefasst. Auch aus kultureller Sicht nimmt der „Wohnsitz des Schnees" eine wichtige Position ein, die sich an der religiösen Bedeutung von Gipfeln und Quellgebieten als Göttersitzen und Pilgerstätten für Hindus und Buddhisten erkennen und historisch weit zurückverfolgen lassen (Foto 2).

Ein generelles Problem bei der Bilanzierung von Gletscherveränderungen auf der Maßstabsebene des gesamten Gebirgsbogens *(Himalayan Scale)* besteht in der räumlichen Extrapolation von Ergebnissen aus lokalen und regionalen Fallstudien (Kargel et al. 2011). Zudem basieren die meisten Studien zu Himalaya-Gletschern auf der Analyse multi-temporaler Fernerkundungsdaten über relativ kurze Messreihen, die günstigstenfalls bis zum Ende der 1960er Jahre zurückreichen. Über die Positionsverlagerung der Gletscherstirn werden dabei Längenänderungen erfasst, die als gefilterte Signale zu interpretieren sind, da sie in Abhängigkeit von der Reaktionszeit des Gletschers variieren können, die durch Größe, Eisgeschwindigkeit und Schuttbedeckung beeinflusst werden (Schmidt 2012). Im Gegensatz zur Messung der Längenänderung eines Gletschers stellt die glaziologische Massenbilanz durch Messung von Akkumulation und Ablation ein direktes Klimasignal dar, die in den Gebirgen Süd- und Zentralasiens aber nur in wenigen Studien berechnet wurde. Abgesehen von diesen räumlichen und zeitlichen Limitierungen bei der Detektion von Gletscherveränderungen sind einige spezifische Aspekte bei der Analyse heranzuziehen. Neben großklimatischen Unterschieden sind dabei den topographischen Aspekten der Vertikalität (Reliefenergie, Höhen und Expositionen der Akkumulations- und Ablationsgebiete, Rolle von Lawinen), den spezifischen Formen der Gletscherdynamik (thermische Eigenschaften der Eiskörper, Bewegungsraten) und dem Ausmaß der Schuttbedeckung Rechnung zu tragen. Aufgrund des ausgeprägten Steilreliefs werden viele Gletscher primär durch Eis- und Schneelawinen aus steilen Fels- und Firnwänden genährt, die in Firnkesseln akkumulieren und von dort abfließen (Foto 3).

Foto 3: Die mehr als 4500 m durchmessende Rupal-Wand des Nanga Parbat. Ein großer Teil der Gletschernährung erfolgt durch Umverteilung von Schnee und Eis aus den Hochlagen in Form von Lawinen (Aufnahme: Marcus Nüsser, 29. August 2010).

Hinsichtlich der thermischen Eigenschaften lassen sich in den süd- und zentralasiatischen Gebirgen unterschiedliche Gletschertypen feststellen. Zum einen können temperierte Gletscher ausgewiesen werden, die durch Eistemperaturen um den Druckschmelzpunkt gekennzeichnet sind, die basal auf einem Schmelzwasserfilm an der Sohle zwischen Eiskörper und Gesteinsuntergrund gleiten und die einen ganzjährigen Schmelzwasserabfluss aufweisen. Andererseits lassen sich kalte Gletscher identifizieren, bei denen die Temperatur der gesamten Eismasse unterhalb des Druckschmelzpunktes liegt, deren Eis am Gesteinsuntergrund festgefroren ist und deren Bewegung durch plastische Deformation in Form von Blockschollen entlang von Scherflächen erfolgt. Zwischen diesen beiden geophysikalischen Haupttypen stehen die polythermalen Gletscher, die sowohl warm- als auch kaltbasale Bereiche aufweisen. Ein charakteristisches Kennzeichen vieler süd- und zentralasiatischer Gletscher stellt die mächtige Schuttbedeckung in den unteren Höhenlagen dar, wodurch die Eisschmelze in den Ablationsgebieten stark reduziert wird (Hewitt 2014, Fotos 4 a und b). Auch erschwert die Schuttbedeckung im Einzelfall die Ausweisung der Gletscherstände gegenüber den Vorfeldern und schuttbedeckten Toteiskörpern, die isoliert vom Gletscher abschmelzen.

Während die Südabdachung des Himalaya-Bogens durch ein monsunales Klimaregime mit dominanten Sommerniederschlägen geprägt wird, erhalten die nordwestlichen Teile der Gebirgsregion, einschließlich der Karakorum- und Hindukusch-Ketten, vorwiegend Niederschläge aus westlichen Störungen, die Maxima im Herbst und Frühjahr aufweisen. Über den gesamten Gebirgsraum zeigt sich ein ausgeprägter Gradient abnehmender Jahresniederschläge von Südosten nach Nordwesten, der sich sowohl in der absoluten Niederschlagsmenge als auch in der Anzahl der Tage mit Niederschlägen erkennen lässt. Aufgrund der enormen klimatischen Unterschiede innerhalb des Gesamtraums Hindukusch-Karakorum-Himalaya ergeben sich neben markanten Unterschieden in der Vegetation und Landnutzung auch entsprechende Differenzierungen im Bereich der Vergletscherung. Während die vergletscherte Fläche im gesamten Himalaya mit etwa 22.850 km^2 beziffert wird, können für den Karakorum knapp 18.000 km^2 ausgewiesen werden (Bolch et al. 2012). Damit bildet die über eine Länge von ca. 650 km verlaufende Karakorum-Kette die am stärksten vergletscherte Region außerhalb der Polarkappen. Gleichzeitig ist dieser Gebirgsraum auch dadurch gekennzeichnet, dass viele Gletscher im Gegensatz zum globalen Trend nur geringe Eisverluste und teilweise sogar positive Massenbilanzen im Vergleich zu den 1990er Jahren aufweisen, was durch die Bezeichnung Karakorum-Anomalie (Hewitt 2005) charakterisiert wird. Im unmittelbar südlich an den Karakorum angrenzenden Nordwest-Himalaya zeigt das Beispiel des Raikot-Gletschers (Nanga Parbat-Nordabdachung) einen Rückgang der Gletscherstirn zwischen 1934 und 2007 um lediglich 200 m, was einem durchschnittlichen jährlichen Rückgang von weniger als 3 m entspricht. Allerdings lassen sich über den Beobachtungszeitraum bedeutende Fluktuationen nachweisen (Schmidt und Nüsser 2009). Dagegen weist der Chungphare-Gletscher im südlich des Nanga Parbat gelegenen Rupal-Tal einen Längenverlust von rund 600 m zwischen 1934 und 2013 auf, was einem durchschnittlichen jährlichen Rückgang von mehr als 7,5 m entspricht (Nüsser und Schmidt 2017).

Fotos 4 a und b: Der nahezu vollständig schuttbedeckte Shaigiri-Gletscher im Rupal-Tal des Nanga Parbat hat sich in den 17 Jahren zwischen beiden Aufnahmen hinsichtlich der Länge und Mächtigkeit nicht signifikant verändert. Lediglich ein zusätzlicher kleiner Schmelzwassersee lässt sich nahe der Stirnmoräne nachweisen (Aufnahmen: Marcus Nüsser, (a) 18. Juni 1993 und (b) 18. August 2010).

Da die Schneeakkumulation in den höheren Lagen des Karakorum und Nordwest-Himalaya zu nahezu gleichen Teilen im Winter und Sommer stattfindet, ist das dortige Glazialregime durch eine ganzjährige Akkumulation mit sommerlicher Ablation gekennzeichnet. Dadurch reagieren diese Gletscher generell weniger sensitiv auf Temperaturerhöhungen als auf Niederschlagsveränderungen (Hewitt 2011). Im Gegensatz dazu ist die klimatische Situation im zentralen und östlichen Himalaya durch ausgeprägte Niederschlagsmaxima während der sommerlichen Monsunperiode gekennzeichnet, denen kalte und trockene Winter gegenüberstehen. Damit finden Schneeakkumulation und Ablation dort mehr oder weniger gleichzeitig statt. Da der Schneedeckenaufbau nahe am Gefrierpunkt erfolgt und der Anteil flüssiger Niederschläge bei steigenden Temperaturen signifikant erhöht wird, reagieren diese Gletscher besonders sensitiv auf Temperaturerhöhungen (Schmidt 2012). Als dritter Typ lassen sich die kontinentalen Gletscher des Trans-Himalaya ausgliedern, die angesichts ihrer Lage im Regenschatten der Hauptketten von Himalaya und Karakorum durch semiaride Bedingungen gekennzeichnet sind. Am Beispiel von Ladakh zeigt sich, dass die flächenmäßig kleinen Gletscher trotz zumeist fehlender Schuttbedeckung verzögert auf Temperaturveränderungen reagieren (Schmidt und Nüsser 2017). So hat beispielsweise die vergletscherte Fläche des Kang Yatze (6400 m) zwischen 1969 und 2010 um etwa 14 Prozent abgenommen, wobei der mittlere jährliche Gletscherrückgang etwa 3 m beträgt (Schmidt und Nüsser 2012). Die vergletscherte Fläche in der Lungser Range im östlichen Ladakh (Foto 5) hat zwischen 1969 und 2014 bei einem durchschnittlichen jährlichen Längenverlust von etwa 2,5 m um knapp 18 Prozent abgenommen (Schmidt und Nüsser 2017).

In allen angeführten Glazialregimes werden die Reaktionsmuster der einzelnen Gletscher durch weitere lokalspezifische Prozesse und topographische Effekte überlagert, womit auch innerhalb des gleichen Einzugsgebietes bedeutende Unterschiede in den Längenänderungen und Massenbilanzen auftreten können. So ergeben sich durch proglaziale Seen häufig auffallend hohe Rückzugsraten der Gletscherfronten, die aus dem Kontakt des Gletschereises mit dem wärmeren Schmelzwasser resultieren. Dabei zählt der Imja-Gletscher im Khumbu-Gebiet von Nepal, dessen Stirn zwischen 1962 und 2000 im Schnitt um 34 m pro Jahr und zwischen 2000 und 2007 sogar um 74 m pro Jahr zurückgegangen ist, zu den am schnellsten zurückweichenden Gletschern im Himalaya (Schmidt 2012, Foto 6).

Foto 5: Blick vom Gipfel des Chamser Kangri (6654 m) in der Lungser Range auf den abflusslosen See Tso Moriri und umgebende Gebirgszüge im östlichen Ladakh, die nur in den höchsten Lagen vergletschert sind (Aufnahme: Marcus Nüsser, 2. September 2013).

Foto 6: Begrenzt durch mächtige Seitenmoränen ersetzt der wachsende proglaziale Schmelzwassersee den gleichzeitig zurückgehenden Imja-Gletscher (Aufnahme: Marcus Nüsser, 27. Oktober 2012).

Die historische Dimension der Gletscherforschung im Himalaya

Zur Erfassung von Gletscher- und Landschaftsveränderungen über längere Zeitreihen ist die Einbindung von historischem Material in Form von Karten, Skizzen, Fotos und Feldaufzeichnungen im Rahmen vergleichender Analysen erforderlich. Die Verfügbarkeit geeigneter historischer Quellen ist für die unterschiedlichen Teile der Großregion Hindukusch-Karakorum-Himalaya sehr unterschiedlich und konzentriert sich im Wesentlichen auf einzelne prominente Massive und auf Gebiete entlang von Hauptverbindungsrouten. Dagegen ist für die meisten Teile des Gebirgsraums kein entsprechendes Datenmaterial vorhanden. Gründe für diese ungleiche Verteilung sind in der Kolonialgeschichte des 19. Jahrhunderts zu suchen, als die süd- und zentralasiatische Gebirgsperipherie sich im Zuge der territorialen Expansion der britischen Einflusssphäre zu einer sensitiven Grenzregion entwickelte. Dabei erfolgte die Erkundung und Erschließung entlang bestimmter Routen, die oftmals durch den Verlauf traditioneller Handelswege vorgegeben waren. Während Regionen wie Kumaon im zentralen Himalaya und Kaschmir im Nordwesten des Gebirgsbogens sowie einzelne Abschnitte der Karakorum-Kette eine vergleichsweise dichte historische Datenlage zu Gletscherständen aufweisen, sind Nepal und Tibet aufgrund von Einreiseverboten für europäische Forscher über lange Zeiträume weitgehend verschlossen geblieben. Aber auch entlang bedeutender transmontaner Handelsrouten und geostrategisch wichtiger Durchgangsräume, wie etwa Ladakh, zeigen sich mitunter auffällige Datenlücken. Daneben machten kriegerische Auseinandersetzungen und prekäre Sicherheitslagen den Besuch verschiedener Gebiete schwierig.

Die frühesten Gletscherstudien im Himalaya reichen bis in die 1840er Jahre zurück, als der britische Kolonialoffizier Richard Strachey erste Eisgeschwindigkeitsmessungen an Gletschern in Kumaon durchführte und damit den Nachweis für die Existenz von Gletschern in diesem subtropischen Gebirgsraum erbrachte.

> „The existence of Glaciers in the Himalayas, being apparently still considered a matter of doubt by the Natural Philosophers of Europe, I have thought that some account of two most de-

> cided Glaciers, which I have just visited (May 1847) in these mountains [...] may not be uninteresting."
> (Strachey 1847: 794)

Diese frühe Gletscherstudie von Strachey fand kurz nach den glaziologischen Pionierarbeiten von Louis Agassiz (1840) und Johann von Charpentier (1841) in den Schweizer Alpen statt und leitete die Phase „wissenschaftlicher Entdeckungen" im Himalaya ein. Nur wenige Jahre später führten die drei Schlagintweit-Brüder auf Empfehlung Alexander von Humboldts eine insgesamt 33 Monate dauernde Forschungsreise durch Indien und Hochasien (1854–1857) durch, in dessen Rahmen sie einen inhaltlichen Schwerpunkt auf die Gletscher legten (Schlagintweit 1869–1880). Ihre Aufzeichnungen und Landschaftsansichten in Form von Aquarellen und Skizzen werden bis heute zur Dokumentation von Gletscherveränderungen genutzt, müssen aber hinsichtlich ihrer Genauigkeit und Übertragbarkeit teilweise kritisch beurteilt werden (Kick 1960, 1993, Nüsser 2015). Ab den 1860er Jahren wurde der weitere Verlauf der Gletscherforschung im Himalaya maßgeblich durch die topographischen Kartierungen des Survey of India und des Indian Geological Survey geprägt (Holland et al. 1907, Mason 1955). Diese historischen Karten werden ebenfalls in jüngeren Arbeiten zur Ausweisung von Veränderungen genutzt, doch ergeben sich teilweise auch hier Probleme aufgrund unzureichender Genauigkeit ehemaliger Gletscherstandseintragungen (Bhambri und Bolch 2009). Im weiteren Verlauf der kolonialzeitlichen Exploration wurden die Kenntnisse über die Gletscher des Himalaya und Karakorum durch zahlreiche Expeditionen erweitert, von denen hier nur exemplarisch die Studien der Workmans am Siachen-Gletscher (Workman 1914) und der Vissers im Karakorum (Visser 1926) sowie die Arbeit von Longstaff in Garhwal (Longstaff 1908) genannt seien. Auch wenn viele dieser Unternehmungen detaillierte topographische Karten als Ergebnis vorweisen konnten, lag die Motivation zum Besuch entlegener Gletschergebiete in vielen Fällen nicht nur im Bereich explorativer Forschung, sondern in der Konfrontation mit der ungebändigten Natur lebensfeindlicher Hochgebirgsräume.

Foto 7 a und b: Obere Einzugsgebiete des Rupal-Gletschers. Während die Aufnahme von 1934 den Gletscher und umgebende Kämme mit ausgedehnter Schneebedeckung zeigt, lassen sich Blankeis und schuttbedeckte Bereichen in beiden Aufnahmen deutlich voneinander abgrenzen. Der Vergleich belegt ein signifikantes Einsinken der Gletscheroberfläche über den Betrachtungszeitraum (Aufnahmen: (a) Richard Finsterwalder, 25. Juni 1934 und (b) Marcus Nüsser, 30. August 2010).

Im Zuge der methodischen Weiterentwicklung erfuhren die Gletscher einzelner Gebiete im Himalaya ab den 1930er Jahren ein systematischeres Forschungsinteresse, in dem photogrammetrische Messungen und Studien zur Gletschergeschwindigkeit zum festen Bestandteil wissenschaftlicher Expeditionen wurden. Zu nennen sind hier insbesondere die Expeditionen zum Kangchenjunga (Bauer 1933) und zum Nanga Parbat (Finsterwalder 1938), während derer jeweils glaziologische Forschungsarbeiten durchgeführt wurden. Diese photographisch und kartographisch gut dokumentierten Studien bieten wichtiges Vergleichsmaterial für Zeitreihenanalysen von Gletscherständen und Eisbewegungsraten (Kick 1996, Nüsser 2000, Schmidt und Nüsser 2009, Nüsser und Schmidt 2017). Exemplarisch für diesen Datenbestand zeigen zwei Paare von Wiederholungsaufnahmen den oberen Rupal-Gletscher (Fotos 7a und b) und den Loiba-Gletscher (Fotos 8a und b) am Nanga Parbat. In beiden Bildpaaren lassen sich aus der vergleichenden visuellen Interpretation die charakteristischen Veränderungen über mehr als sieben Dekaden ableiten.

Durch das wachsende bergsteigerische Interesse an den Hochgipfeln kam es in dieser Phase zur Gründung des britischen Mount Everest Committee (1921) und der Deutschen Himalaja-Stiftung (1936), durch deren Förderung weitere Expeditionen ermöglicht wurden, die allerdings vorwiegend alpinistische Ziele verfolgten.

In Nepal setzte die glaziologische Forschung aufgrund vorheriger Einreiseverbote für ausländische Wissenschaftler erst nach dem zweiten Weltkrieg ein. Hervorzuheben sind hier die ausgedehnten Expeditionen von Bill Tilman, der Nepal als erster westlicher Bergsteiger in Begleitung von Wissenschaftlern, darunter dem Botaniker Oleg Polunin, im Jahr 1949 bereisen konnte und dabei unter anderem Studien im Langtang-Tal durchführte (Tilman 1952). Für die glaziologische Forschung entstand dabei ebenfalls wichtiges Vergleichsmaterial mit Beschreibungen, Kartenskizzen und Fotos, wovon exemplarisch zwei Aufnahmen den Lirung-Gletscher zeigen (Fotos 9a und b).

Foto 8 a und b: Der obere Loiba-Gletscher vom Mazeno-Pass (5370 m). Während der Gletscher in der Aufnahme von 1934 eine mächtige Schneedecke aufweist, können in der Wiederholungsaufnahme die schuttbedeckten Teile des Gletschers, ausgeaperte Blankeisbereiche und frische Lawinenkegel unterschieden werden (Aufnahmen: (a) Walter Raechl, 20. Juni 1934 und (b) Marcus Nüsser, 24. August 2010).

Foto 9 a und b: Der Lirung-Gletscher in Langtang, Nepal. Während der 63 Jahre zwischen den beiden Aufnahmen ist der Lirung-Gletscher im Zungenbereich massiv eingesunken. Auch in den höheren Lagen lässt sich ein signifikanter Eisverlust feststellen (Aufnahmen: (a) Oleg Pounin, 1949 und (b) Marcus Nüsser, 29. September 2012).

Nur zwei Jahre nach der Erstbesteigung des Mount Everest im Jahr 1953 führte Erwin Schneider photogrammetrische Aufnahmen im Khumbu-Gebiet durch (Foto 10 und 11), aus denen eine detaillierte topographische Karte des Region um den Mount Everest vom Cho Oyu bis zum Makalu entstand (Schneider 1967). Drei Jahre später untersuchte Fritz Müller die Gletscher im Khumbu-Gebiet im Rahmen eines achtmonatigen Aufenthalts (Müller 1958). Eine Reihe der dabei entstandenen Aufnahmen wurde von Alton Byers wiederholt (Byers 2007). In den folgenden Jahren wurden viele weitere Gletscherstudien in Nepal durchgeführt, wodurch das Gebirgsland sukzessive zu einem Schwerpunkt glaziologischer Forschung im Himalaya avancierte. Dabei kommt dem 1983 gegründeten International Centre for Integrated Mountain Development (ICIMOD) in Kathmandu eine tragende Rolle zu.

Foto 10 a und b: Der Khumbu-Gletscher mit Mount Everest (8848 m) und Nuptse (7861 m). Im Bildvergleich wird sowohl eine deutliche Abnahme der Gletschermächtigkeit als auch eine relative Zunahme der Schuttbedeckung erkennbar (Aufnahmen: (a) Erwin Schneider, 1955 und (b) Marcus Nüsser, 21. Oktober 2012).

Foto 11 a und b: Der Ngozumpa-Gletscher im Khumbu-Gebiet. Im Bildvergleich wird eine deutliche Zunahme der supraglazialen Schmelzwasserseen auf der Oberfläche des schuttbedeckten Gletschers erkennbar. Die Siedlung Gokyo (4770 m) ist in der Zwischenzeit stark erweitert worden (Aufnahmen: (a) Erwin Schneider, 1955 und (b) Marcus Nüsser, 17. Oktober 2012).

Aktuelle Untersuchungen zu Gletscherveränderungen im Himalaya basieren weitgehend auf Fernerkundungsdaten, wobei das Ziel in einer vollständigen Inventarisierung besteht. In diesem Zusammenhang ist vor allem das globale Randolph Glacier Inventory zu erwähnen.

Sozio-Hydrologie: Perspektiven integrativer Wasserforschung im Himalaya

Abgesehen von den methodischen Problemen bei der Erfassung der räumlich und zeitlich differenzierten Gletscherveränderung im Himalaya lässt sich generell eine mangelnde Integration natur- und sozialwissenschaftlicher Arbeiten feststellen, die sich insbesondere in der Vernachlässigung sozioökonomischer und historischer Zusammenhänge äußert. Dabei legen die offenkundigen Zusammenhänge an der Schnittstelle zwischen der hydrologischen Dynamik und sozioökonomischen Entwicklungsprozessen eine integrative Betrachtung des Wirkungsgefüges nahe. Dies gilt insbesondere für die Bewässerungslandwirtschaft in den trockeneren Abschnitten des Gebirgsraums sowie für das zunehmende Risiko von Überschwemmungen durch ausbrechende Gletscherseen (GLOFs) infolge verstärkter Schmelzwasserabflüsse. Generell wird im Zuge des Gletscherrückgangs nach einer Phase verstärkter Schmelzwasserabflüsse langfristig mit einem verminderten Abfluss und einem entsprechend geringeren Wasserangebot gerechnet.

In den letzten Jahren hat sich mit der Sozio-Hydrologie ein neues Forschungsfeld etabliert, in der die Zusammenhänge zwischen Wasserangebot und -nutzung im Zusammenhang betrachtet werden (Sivapalan et al. 2012). Für unterschiedliche Gebiete im Himalaya ist dieser integrative Ansatz im Rahmen von Fallstudien angewendet und weiterentwickelt worden. Ausgehend von der Hypothese, dass Veränderungen in der Wasserverfügbarkeit mit Veränderungen in den Nutzungsmustern einhergehen, konnten allgemeine Zusammenhänge und regionalspezifische Charakteristika für die Region Ladakh im Trans-Himalaya (Nüsser et al. 2012, Nüsser und Baghel 2016), für den Karakorum (Parveen et al. 2015) und für das Nanga-Parbat-Gebiet (Nüsser und Schmidt 2017) aufgezeigt werden. Gemeinsames Kennzeichen dieser Studien ist die integrative Betrachtung der Interaktionen zwischen der glazio-fluvialen Abflussdynamik, den lokalen Praktiken der Wasserverteilung, einschließlich der institutionellen

Arrangements in den dörflichen Gemeinschaften sowie den externen Entwicklungsinterventionen und historischen Entwicklungen. Die Ergebnisse dieser integrativen Studien können insbesondere auch für angepasste Entwicklungsmaßnahmen in diesen Regionen verwendet werden.

Gefährliche und gefährdete Landschaften: Die Himalaya-Gletscher im Diskurs *(Himalayan Cryoscapes)*

Ausgehend von der Hypothese, dass die Gletscher des Himalaya mit unterschiedlichen Bedeutungen aufgeladen sind, die weit über ihren Status als Landschaftselemente aus Eis, Schnee und Schutt hinausreichen, gerät der diskursive Aspekt zunehmend ins Blickfeld. Während einerseits bis heute die im Hinduismus und Buddhismus verankerten religiösen Bedeutungszuschreibungen für kulturräumliche Studien relevant sind, erhalten die Gletscher im Kontext der Diskussion um den globalen Klimawandel ein neues Gewicht. Ein entscheidender Grund für die Bedeutung und Wirkmächtigkeit von Gletschern als Indikatoren und Ikonen des globalen Wandels ist ihre Sichtbarkeit und damit die Möglichkeit zur Visualisierung ihrer Veränderungen in Form von Wiederholungsfotos und multitemporalen Satellitenbildauswertungen. Daneben werden die Gletscher des Himalaya in verschiedener Weise zur Veranschaulichung von Zusammenhängen genutzt. An der eingangs angesprochenen Kontroverse um den IPCC-Bericht aus dem Jahr 2007 wird erkennbar, dass neben der wissenschaftlichen Diskussion um das Ausmaß der Gletscherveränderung im Himalaya eine breite und wirkmächtige Debatte in Öffentlichkeit, Politik und Medien stattfindet. Daher repräsentiert die Aussage des Geophysikers Henry Pollack zur Indikatorfunktion von Gletschern nicht alle Dimensionen dieser Debatte:

> „Nature's best thermometer, perhaps its most sensitive and unambiguous indicator of climate change, is ice. [...] Ice asks no questions, presents no arguments, reads no newspapers, listens to no debates. It is not burdened by ideology and carries no political baggage as it crosses the threshold from solid to liquid. It just melts" (Pollack 2009: 114).

Gegenüber dem simplifizierten Verständnis, dass Eis eben einfach nur schmilzt, ist zu berücksichtigen, dass die Gletscher mit multiplen Bedeutungen aufgeladen sind, die neben wissenschaftlichen Aspekten auch kulturelle, politische, ästhetische und weitere Dimensionen beinhalten. Ein vertieftes Verständnis der Himalaya-Gletscher und ihrer Dynamik sollte daher die komplexen Beziehungen zwischen den unterschiedlichen Bedeutungszuschreibungen berücksichtigen, die im Zuge von Aushandlungsprozessen zwischen verschiedenen Akteuren zum Vorschein kommen. Dabei unterliegen diese Bedeutungszuschreibungen fortlaufenden Veränderungen, die sich aus den unterschiedlichen Interpretationsoptionen vergletscherter Gebiete als gefährliche und gefährdete Landschaften ergeben (Nüsser und Baghel 2014). Auf der einen Seite werden Gletscherlandschaften aufgrund ihrer lebensfeindlichen klimatischen Bedingungen, ihren Spaltensystemen und den häufigen Lawinenabgängen als gefährliche Landschaften wahrgenommen. Auf der anderen Seite erscheinen die Gletscher als ‚gefährdete Art' (Carey 2007) und die zunehmend eisfreien Gipfel („Darkening Peaks") werden weithin als Bedrohung gesehen (Orlove et al. 2008). In diesem Kontext wird auch das verstärkte Gefährdungspotential durch Gletscherseeausbrüche im Zuge des Eisrückgangs bedeutsam.

Darüber hinaus sind die süd- und zentralasiatischen Gebirgsperipherien von Hindukusch, Himalaya und Karakorum während der vergangenen Jahrzehnte immer wieder durch politische und militärische Auseinandersetzungen in den Blick der Weltöffentlichkeit geraten. Aufgrund überlappender territorialer Ansprüche hat sich der Gebirgsraum an der Grenze zwischen Indien, Pakistan und China zu einer sensitiven Region hoher geostrategischer Bedeutung entwickelt. In diesem Zusammenhang bildet der über 70 km lange Siachen-Gletscher, an dem sich seit 1984 indische und pakistanische Militärposten bis in Höhen von über 6500 m gegenüberstehen, das bekannteste Beispiel (Baghel und Nüsser 2015). Aufgrund der massiven militärischen Präsenz in der umstrittenen Hochgebirgsregion und den damit verbundenen Restriktionen für die wissenschaftliche Forschung sind einige vergletscherte Gebiete in diesem Raum nur noch begrenzt für Feldstudien zugänglich.

Schlussfolgerungen und Ausblick

Im Gesamtraum von Hindukusch, Himalaya und Karakorum lässt sich ein regional differenzierter Gletscherrückgang feststellen. Auch wenn der „Wohnsitz des Schnees" im Zuge der wissenschaftlichen Erforschung zunehmend entmystifiziert wurde, so bleibt die Faszination für die Gletscher im höchsten Gebirge bis in die Gegenwart ungebrochen. Als Wassertürme Südasiens werden die Himalaya-Gletscher auch zukünftig wissenschaftliche und mediale Aufmerksamkeit erfahren. Dabei bleiben Wiederholungsaufnahmen (wo es möglich ist) eine geeignete Methode zur Erfassung und Dokumentation von Landschafts- und Gletscherveränderungen entlang der Gebirgsbögen Hochasiens. Eine besondere Herausforderung für zukünftige Forschungsarbeiten zu den Gletschern des Himalaya wird in der verstärkten Integration natur- und sozialwissenschaftlicher Ansätze liegen.

Literatur

Agassiz, L. (1840): Études sur les glaciers. Neuchatel: Jent et Gassmann.

Baghel, R. and Nüsser, M. (2015): Securing the heights: http://www.sciencedirect.com/science/article/pii/S0962629815000347. In: Political Geography 48: 24–36.

Bhambri, R. and Bolch, T. (2009): Glacier mapping: A review with special reference to the Indian Himalayas. In: Progress in Physical Geography 35 (3): 672–704.

Bolch, T., Kulkarni, A. V., Kääb, A., Huggel, C., Paul, F., Cogley, J. G., Frey, H., Kargel, J., S., Fujita, K., Scheel, M., Bajracharya, S. R. and Stoffel, M. (2012): The state and fate of Himalayan glaciers. In: Science 336: 310–314.

Byers, A. (2007): An assessment of contemporary glacier fluctuations in Nepal's Khumbu Himal using repeat photography. In: Himalayan Journal of Sciences 4 (6): 21–26.

Carey, M. (2007): The history of ice: How glaciers became an endangered species. In: Environmental History 12 (3): 497–527.

Charpentier, J. v. (1841): Essai sur les glaciers et sur le terrain erratique du bassin du Rhône. Lausanne: Marc Ducloux.

Cogley, J. G., Kargel, J. S., Kaser, G., and van der Veen, C. J. (2010): Tracking the source of glacier misinformation. In: Science 327: 522.

Cruz, R. V., Harasawa, H., Lal, M., Wu, S., Anokhin, Y., Punsalmaa, B., Honda, Y., Jafari, M., Li, C. and Huu Ninh, N. (2007): Asia. In: Parry, M. L., Canziani, O. F., Palutikof, J. P., van der Linden, P. J. and Hanson, C.E. (eds.): Climate change 2007: impacts, adaptation and vulnerability. Contribution of working group II to the fourth assessment report of the Intergovernmental Panel on Climate Change. Cambridge: Cambridge University Press, pp. 469–506.

Finsterwalder, R. (1938): Die geodätischen, gletscherkundlichen und geographischen Ergebnisse der Deutschen Himalaya-Expedition 1934 zum Nanga Parbat. Berlin: Karl Siegismund.

Hewitt, K. (2005): The Karakoram anomaly? Glacier expansion and the 'elevation effect', Karakoram Himalaya. In: Mountain Research and Development 25 (4): 32–40.

Hewitt, K. (2011): Glacier change, concentration and elevation effects in the Karakoram Himalaya, upper Indus Basin. In: Mountain Research and Development 31 (3): 1–13.

Hewitt, K. (2014): Glaciers of the Karakoram Himalaya: Glacial environments, processes, hazards and resources. Dordrecht, Heidelberg, London, New York: Springer.

Holland, T. H., Hayden, H. H., Walker, H., Pascor, E. H., Cotter, G. P. and Brown, J. C. (1907): A preliminary survey of certain glaciers in the North-West Himalaya. By officers of the Geological Survey of India: Kashmir Region. In: Records of the Geological Survey of India 35 (3): 124–137.

Kargel, J. S., Cogley, J. G., Leonard, G. J, Haritashya, U. and Byers, A. (2011): Himalayan glaciers: The big picture is a montage. In: Proceedings of the National Academy of Sciences of the United States of America (PNAS) 108.36: 14709–14710.

Kick, W. (1960): The first glaciologists in Central Asia according to new studies in the Department of Manuscripts at the Bavarian State Library. In: Journal of Glaciology 3: 687–692.

Kick, W. (1993): Adolph Schlagintweits Karakorum-Forschungsreise 1856. München: Deutscher Alpenverein.

Kick, W. (1996): Forschung am Nanga Parbat. Geschichte und Ergebnisse. Berlin (Beiträge und Materialien zur regionalen Geographie 8).

Longstaff, T. G. (1908): A mountaineering expedition to Himalayas of Garhwal. In: The Geographical Journal 31, 361–88.

Mason, K. (1955): Abode of snow – A history of Himalayan exploration and mountaineering. London.

Müller, F. (1958): Acht Monate Gletscher- und Bodenforschung im Everestgebiet. In: Schweizerische Stiftung für alpine Forschungen (Hg.): Berge der Welt 1958/59. Zürich: Büchergilde Gutenberg, pp. 199–216.

Nüsser, M. (2000): Change and persistence: Contemporary landscape transformation in the Nanga Parbat Region, northern Pakistan. In: Mountain Research and Development 20 (4): 348–355.

Nüsser, M. (2001): Understanding cultural landscape transformation: a rephotographic survey in Chitral, eastern Hindukush, Pakistan. In: Landscape and Urban Planning 57 (3–4): 241–255.

Nüsser, M. (2012): Umwelt und Entwicklung im Himalaya: Forschungsgeschichte und aktuelle Themen. In: Geographische Rundschau 64 (4): 4–9 & supplement (map).

Nüsser, M. (2015): Natur und Kultur im Himalaya: Die Gletscher- und Siedlungspanoramen der Brüder Schlagintweit. In: Kaiser, f. and Kleidt, S. (Hg.): Über den Himalaya. Die Expedition der Brüder Schlagintweit nach Indien und Zentralasien 1854–1858. Köln, Weimar, Wien: Böhlau, S. 319–343.

Nüsser, M. and Baghel, R. (2014): The emergence of the cryoscape: contested narratives of Himalayan glacier dynamics and climate change. In:

Schuler, B. (ed.): Environmental and climate change in South and Southeast Asia: how are local cultures coping? Leiden, Boston: Brill (= Climate and Culture 2), pp. 138–156.

Nüsser, M. and Baghel, R. (2016): Local knowledge and global concerns: artificial glaciers as a focus of environmental knowledge and development interventions. In: Meusburger, P., Freytag, T. and Suarsana, L. (eds.): Ethnic and cultural dimensions of knowledge. Dordrecht, Heidelberg, London, New York: Springer (= Knowledge and Space 8), pp. 191–209.

Nüsser, M. and Schmidt, S. (2017): Nanga Parbat revisited: evolution and dynamics of socio-hydrological interactions in the northwestern Himalaya. In: Annals of the American Association of Geographers 107 (2): 403–415.

Nüsser, M., Schmidt, S. and Dame, J. (2012): Irrigation and development in the upper Indus Basin: characteristics and recent changes of a socio-hydrological system in central Ladakh, India. In: Mountain Research and Development 32 (1): 51–61.

Orlove, B., Wiegandt, E. and Luckman B. H. (2008): The place of glaciers in natural and cultural landscapes. In: Orlove, B., Wiegandt, E. and Luckman B. H. (eds.): Darkening peaks: Glacier retreat, science, and society. Berkeley: University of California Press, pp. 3–19.

Parveen, S., Winiger, M., Schmidt, S. and Nüsser, M. (2015): Irrigation in upper Hunza: evolution of socio-hydrological interactions in the Karakoram, northern Pakistan. In: Erdkunde 69 (1): 69–85.

Pollack, H. (2009): A world without ice. New York: Avery.

Schlagintweit, H. (1869–1880): Reisen in Indien und Hochasien. Eine Darstellung der Landschaft, der Cultur und Sitten der Bewohner, in Verbindung mit klimatischen und geologischen Verhältnissen. Basirt auf die Resultate der wissenschaftlichen Mission von Hermann, Adolph und Robert von Schlagintweit ausgeführt in den Jahren 1854–1858. 4 Bände, Jena.

Schmidt, S. (2012): Der Himalaya bald ohne "Hima"? Was wir über die Gletscherentwicklung im Himalaya wissen. In: Geographische Rundschau 64 (4): 10–16.

Schmidt, S. and Nüsser, M. (2009): Fluctuations of Raikot Glacier during the last 70 Years: a case study from the Nanga Parbat massif, northern Pakistan. In: Journal of Glaciology 55 (194): 949–959.

Schmidt, S. and Nüsser, M. (2012): Changes of high altitude glaciers from 1969 to 2010 in the Trans-Himalayan Kang Yatze Massif, Ladakh, northwest India. In: Arctic, Antarctic, and Alpine Research 44 (1): 107–121.

Schmidt, S. and Nüsser, M. (2017): Changes of high altitude glaciers in the Trans-Himalaya of Ladakh over the past five decades (1969–2016). In: Geosciences 7(2): 27.

Schneider, E. (1967): Begleitworte zur Karte Khumbu Himal I und zur Namensgebung. In: Khumbu Himal 1 (5): 430–446, mit Begleitkarte 1: 50.000.

Sivapalan, M., Svanije, H. H. G. and Blöschl, G. (2012): Socio-hydrology: A new science of people and water. In: Hydrological Processes 26 (8): 1270–76.

Strachey, R. (1847): A description of the glaciers of the Pindur and Kuphinee rivers in the Kumaon Himálaya. In: Journal of the Asiatic Society of Bengal 16 (2): 794–812.

Tilman (1952): Nepal Himalaya. Cambridge: Cambridge University Press.

Visser, Ph. C. (1926): Explorations in the Karakoram. In: The Geographical Journal 68 (6): 457–468.

Viviroli, D., Dürr, H. H., Messerli, B., Meybeck, M. and Weingartner, R. (2007): Mountains of the world, water towers for humanity: Typology, mapping, and global significance. In: Water Resources Research 43: 1–13.

Workman, F. B. (1914): The exploration of the Siachen or Rose glacier, Eastern Karakoram. In: The Geographical Journal 43 (2): 117–141.

Die Datierung von Wasser

Werner Aeschbach

Abstract

Die Aufenthaltszeit von Wasser auf den verschiedenen Pfaden des globalen Wasserkreislaufes ist eine sehr wichtige Größe für die Hydrologie. Die Umweltphysik verwendet das Konzept des „Wasseralters" zum Studium der Wasserzirkulation in einzelnen Teilsystemen der Hydrosphäre wie Grundwasserleiter, Seen oder den Weltmeeren. Gemeint ist damit die Aufenthaltszeit des Wassers in Isolation von der Atmosphäre, also als Grundwasser oder als Tiefenwasser von Seen und Ozeanen. Damit verbunden sind viele praktische Fragen, beispielsweise nach der Erneuerung von Wasserressourcen, der Zufuhr von Sauerstoff ins Tiefenwasser oder dem Transport und Abbau von Schadstoffen. Wasserdatierung berührt auch die Klimaforschung: Die Ozeanzirkulation ist ein zentraler Prozess im Klimasystem und aus alten Grundwässern können Informationen über das Paläoklima, das Klima der Vergangenheit, gewonnen werden.

Es gibt eine ganze Reihe von Methoden zur Bestimmung von Wasseraltern. Viele dieser Datierungsmethoden decken den Zeitbereich von Jahren bis Jahrzehnten ab. Beispiele ihrer Anwendung sind die Verfolgung der Tiefenwasserbildung im Nordatlantik oder in Seen sowie der Grundwasserneubildung. Einige Methoden sind für alte Grundwässer mit Aufenthaltszeiten im Untergrund von Jahrtausenden bis Jahrmillionen geeignet. Sie dienen unter anderem zur zeitlichen Einordnung von Informationen über das Paläoklima. Für Wasseralter von Jahrhunderten gab es aber bisher keine praktikable Datierungsmethode. Zwar ist das radioaktive Isotop ^{39}Ar dafür grundsätzlich geeignet, jedoch ist es so selten, dass seine Messung eine große Herausforderung darstellt. In den letzten Jahren konnte durch die Zusammenarbeit von Atom- und Umweltphysik in Heidelberg eine neue Methode zur Messung von ^{39}Ar entwickelt werden, mit deren Hilfe es bald möglich werden sollte, die „Datierungslücke" zwischen 50 und 1000 Jahren zu schließen.

Wasseralter: Was, wozu und wie?

Manche Mineralwasserfirmen machen Werbung mit der Aussage, ihr Wasser sei Jahrtausende im Untergrund gereinigt worden oder stamme gar aus der Eiszeit und sei daher zuverlässig geschützt vor jeglichen modernen Verunreinigungen. Auch Wasserversorger sind sehr interessiert am Alter des Grundwassers, das sie in Brunnen zur Trinkwassergewinnung pumpen, denn die Verweilzeit im Untergrund ist ein wichtiger Faktor im Grundwasserschutz. Aber wie lässt sich denn feststellen, wie alt das Wasser ist? Und was ist überhaupt mit dem Alter des Wassers gemeint?

Wenn Umweltforscher von Wasseralter sprechen, geht es nicht um die schwierige Frage der ursprünglichen Herkunft des Wassers auf der Erde, sondern um die Zeitskalen der vielfältigen Prozesse im globalen Wasserkreislauf. Alles Süßwasser auf der Erde ist irgendwann als Niederschlag auf die Kontinente gefallen, um dann entweder oberflächlich über Flüsse und Seen oder unterirdisch als Grundwasser wieder in Richtung Ozean zu fließen. Die Aufenthaltszeit von Wasser auf den verschiedenen Pfaden ist eine sehr wichtige Größe für die Hydrologie allgemein, aber auch für das Studium einzelner Teile der Hydrosphäre wie Seen und Grundwasserleiter. Mit Wasseralter ist also eine Aufenthaltszeit in einem Teilsystem des Wasserkreislaufes gemeint. Noch etwas spezifischer geht es meist um die Zeitspanne seit dem letzten Kontakt mit der Atmosphäre, also die Aufenthaltszeit im Untergrund oder im Tiefenwasser von Seen und Ozeanen (Newman et al., 2010).

Wie lange ist Grundwasser im Untergrund unterwegs, bevor es an einer Quelle zutage tritt oder aus einem Brunnen gepumpt wird? Könnten Schadstoffe der modernen Zeit demnach bald zur Quelle vordringen oder ist die Wasserqualität langfristig gesichert? Wird ein Grundwasservorkommen in überblickbaren Zeiten erneuert oder ist es „fossil" und damit ebenso endlich wie Erdöl? Wie rasch wird das Tiefenwasser in einem See erneuert und mit frischem Sauerstoff versorgt? Verändert sich die Zirkulationsdynamik des Atlantiks und somit das Klima in Europa? Solche Fragen versuchen Umweltforscher mit Datierungsmethoden für Wasser zu beantworten.

Ein zweiter Anwendungsbereich der Wasserdatierung sowie von Datierungsmethoden allgemein ist die zeitliche Einordnung von Informationen über das Klima der Vergangenheit, des Paläoklimas. Informationen über Umweltbedingungen, speziell über Klimavariablen wie Temperatur oder Niederschlag, sind in Archiven wie Sedimenten, Eisbohrkernen, Stalagmiten, aber auch Grundwasserleitern gespeichert. Die Datierung dieser Archive wird benötigt, um die genaue zeitliche Abfolge der in ihnen enthaltenen Klimasignale zu bestimmen. Es geht also um die Erstellung einer Zeitskala für Klimazeitreihen. Auch wenn in der Paläoklimaforschung zumeist nicht Wasser datiert wird, sind doch die verwendeten Datierungsmethoden oft dieselben.

Für die Sicherheit von Trinkwasserbrunnen muss das Wasser nicht gerade aus der Eiszeit stammen, schon eine Aufenthaltszeit von etwas mehr als einem halben Jahrhundert würde bedeuten, dass viele moderne Schadstoffe nicht zu erwarten sind. Wie lässt sich feststellen, ob das gegeben ist? Tatsächlich machen es gerade die globalen Umweltveränderungen der jüngeren Zeit recht einfach, modernes Wasser zu erkennen. So sind beispielsweise Gase wie die Fluorchlorkohlenwasserstoffe (FCKWs) oder Schwefelhexafluorid (SF_6) erst seit 50 bis 60 Jahren überhaupt in der Umwelt, primär in der Atmosphäre, zu finden. Der perfekte Indikator für modernes Wasser ist Tritium (^3H), das als radioaktives Isotop des Wasserstoffs direkt im Wassermolekül gebunden ist. Tritium wurde in den 1950er und frühen 1960er Jahren in großen Mengen durch thermonukleare Bombentests in den hydrologischen Kreislauf eingebracht. Dies stellte gewissermaßen einen ungeplanten globalen Markierversuch dar, den sich die Disziplin der Isotopenhydrologie seither erfolgreich zunutze gemacht hat. Die Abwesenheit von FCKWs, SF_6 und Tritium in einer Wasserprobe bedeutet „vormodernes" Alter, grob gesprochen eine Bildung vor 1950, und kann als zuverlässiger Hinweis auf die Abwesenheit bedeutender anthropogener Belastungen gewertet werden.

Finden wir diese Stoffe hingegen im Wasser, so können wir sie zur Datierung verwenden. Aus der Konzentration von FCKWs, SF_6 oder Tritium im Wasser und den recht gut bekannten zeitlichen Verläufen der jeweiligen Konzentrationen in der Atmosphäre bzw. im Niederschlag lässt sich auf den Zeitpunkt schließen, zu dem das Wasser in den Untergrund versickert ist (Newman et al., 2010). Besonders beim Tritium ist diese Altersbestimmung aber oft recht ungenau. Sie kann entscheidend verfeinert werden, wenn zusätzlich zum radioaktiven Tritium dessen Zerfallsprodukt, das stabile Heliumisotop ^{3}He gemessen wird. Aus dem Verhältnis der beiden seltenen Varianten von Wasserstoff und Helium lässt sich die Aufenthaltszeit im Untergrund nach der sogenannten ^{3}H-^{3}He-Methode mit einer Genauigkeit von einigen Monaten bis wenigen Jahren bestimmen. Damit haben wir bereits die wichtigsten Datierungsmethoden für junges Grundwasser oder für Tiefenwasser in Seen kennengelernt.

Wenn es um älteres Wasser geht, wird es mit der Datierung aber problematischer. Hier kommen, wie auch sonst in den Erd- und Umweltwissenschaften, vorwiegend radioaktive Isotope zum Einsatz, deren Konzentration aufgrund ihres Zerfalles im Laufe der Zeit abnimmt (Abb. 1a). Diese Isotope sind auf der Erde überhaupt nur vorhanden, weil sie in der Atmosphäre durch kosmische Strahlung ständig neu gebildet werden (Abb. 1b). Aus der Luft gelangen sie ins Oberflächenwasser, das somit im Idealfall eine konstante Konzentration aufweist. Nach der Isolation von der Atmosphäre wirkt nur noch der Zerfall und die „Radioisotopen-Uhr" tickt.

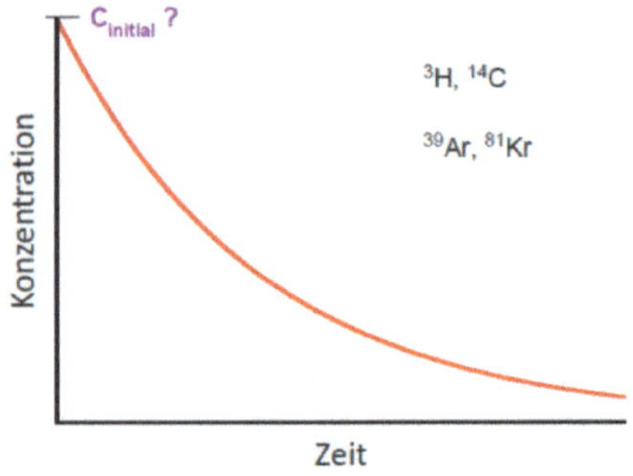

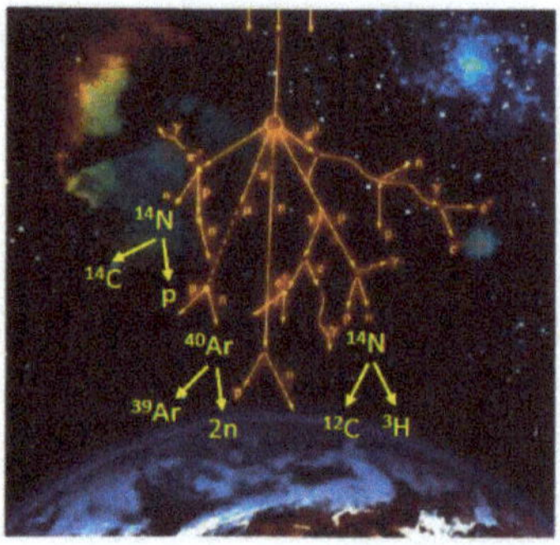

Abb. 1: *Links*: Zerfallskurve für Radioisotope wie ^{3}H, ^{14}C, ^{39}Ar oder ^{81}Kr. Die Schwierigkeit bei ihrer Anwendung zur Datierung liegt darin, die anfängliche Konzentration ($C_{initial}$) im Oberflächenwasser zu kennen. Bei ^{3}H hat diese durch anthropogene Freisetzung (thermonukleare Bomben) so stark geschwankt, dass nicht der Zerfall, sondern der bekannte zeitliche Verlauf des Eintrags zur Datierung verwendet wird. *Rechts*: Bildung der Isotope durch kosmische Strahlung in der oberen Atmosphäre. Reaktionen von Neutronen (n) mit Atomen in der Luft bilden die Radionuklide ^{3}H, ^{14}C und ^{39}Ar.

In der Isotopenhydrologie wird insbesondere der aus der Archäologie bekannte Radiokohlenstoff (^{14}C) mit einer Halbwertszeit von 5730 Jahren genutzt. Bei der Wasserdatierung kann man sich allerdings nicht auf den Kohlenstoff in organischem Material stützen, sondern muss das im Wasser als Kohlensäure gelöste CO_2 nutzen. Die Lösung von altem Kohlenstoff aus Boden und Gestein führt zu großen Unsicherheiten, so dass die ^{14}C-Methode für Grundwasser im Altersbereich unter ca. 1000 Jahren nicht schlüssig ist. Hingegen lässt sich mit der ^{14}C-Datierung tatsächlich einwandfrei feststellen, ob das Wasser aus dem letzten Hochstand der Eiszeit vor etwa 20.000 Jahren stammt.

Ganz analog zum ^{14}C eignen sich radioaktive Isotope der Edelgase Argon (^{39}Ar) und Krypton (^{81}Kr) zur Bestimmung der Aufenthaltszeit von Wasser in Ozeanen und Grundwasserleitern oder auch von Eis in Gletschern und Eisschilden. Das einfache geochemische Verhalten der Edelgase in der Umwelt ist sogar ein großer Vorteil für diese Methoden. Aufgrund ihrer extremen Seltenheit sind diese Isotope jedoch sehr schwierig zu messen, worauf wir später zurückkommen werden.

Wasseralter: Anwendungsbeispiele

Ein klassisches Beispiel für die Anwendung der ^{3}H-^{3}He-Methode im Grundwasser ist die Datierung des Grundwassers in der ungarischen Donauebene, kurz unterhalb der Grenze zu Österreich. Stute et al. (1997) konnten hier die Grundwasseralter in flachen und tieferen Brunnen entlang eines 20 km langen Fließweges von der Donau in die Ebene hinein bestimmen. Wie erwartet, stiegen die Alter mit der Entfernung vom Fluss kontinuierlich an, in den flachen Brunnen etwas weniger stark als in den tiefen. Daraus konnten Strömungsgeschwindigkeiten des Grundwassers von ca. 800 m pro Jahr im flachen und 500 m pro Jahr im tiefen Bereich des Grundwasserleiters abgeleitet werden. Die Brunnenbetreiber können mit dieser Information abschätzen, wie lange das Donauwasser bis zu ihrem Brunnen benötigt, je nach Distanz zum Fluss.

In ganz ähnlicher Weise hat meine Arbeitsgruppe die vertikale Strömungsgeschwindigkeit und damit die Neubildungsrate von Grundwasser in der Nordchinesischen Tiefebene südlich von Peking bestimmt. In diesem Fall wurden viele Brunnen mit unterschiedlicher Tiefe im Neubildungsgebiet des obersten Grundwasserleiters beprobt. Es ergab sich trotz erheblicher Variabilität ein klarer Trend von ansteigendem Alter mit zunehmender Brunnentiefe (Abb. 2). Die maximalen Alter von ca. 40 Jahren werden in etwa 60 m Tiefe unter dem Grundwasserspiegel erreicht, was auf eine vertikale Fließgeschwindigkeit von 1,5 m pro Jahr schließen lässt. Diese erhebliche Neubildung kann nicht alleine durch den Niederschlag erklärt werden, sondern zeigt auf, dass ein Teil des verwendeten Bewässerungswassers wieder im Boden versickert. Dennoch wird insgesamt den Grundwasserleitern der Nordchinesischen Tiefebene mehr Wasser entnommen als nachströmt, so dass die Grundwasserspiegel großflächig absinken.

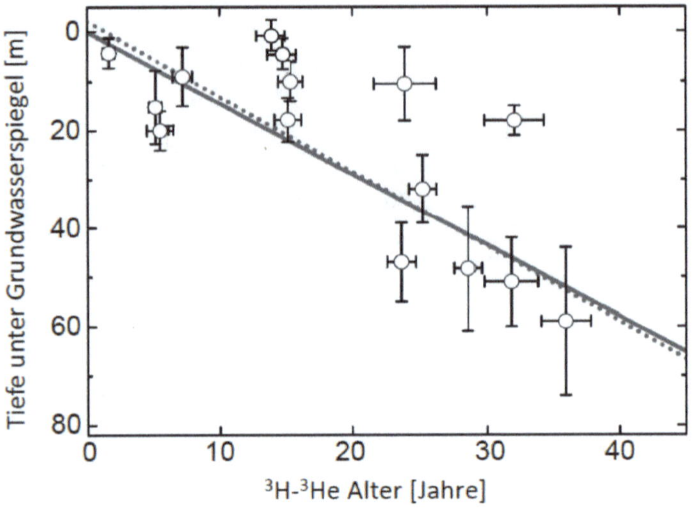

Abb. 2: Alter gegen Tiefe im Grundwasser der Nordchinesischen Tiefebene (aus von Rohden et al., 2010, modifiziert). Aus dem Anstieg des Alters mit der Tiefe (graue Linie) ergibt sich eine mittlere vertikale Infiltrationsgeschwindigkeit von 1,5 m pro Jahr.

Mit denselben Methoden kann bestimmt werden, wie lange das Tiefenwasser in einem See von der Oberfläche isoliert bleibt. Normalerweise sind Seen im Sommer stark geschichtet, das kalte und daher dichte Tiefenwasser kann nicht nach oben gemischt werden. Im Winter hingegen kühlt das Oberflächenwasser ab und erreicht dieselbe Dichte wie das Tiefenwasser. Eine vollständige Zirkulation des Wassers ist dann möglich. Man würde also erwarten, dass das Wasseralter im Tiefenwasser eines Sees über den Sommer anwächst, im Winter aber wieder auf Null zurückgesetzt wird. Dass die Realität erheblich komplexer sein kann, habe ich im Rahmen meiner Doktorarbeit für den Vierwaldstättersee gezeigt. In diesem stark gegliederten See mit mehreren tiefen Becken ist die Verteilung der mit der ^3H-^3He-Methode bestimmten Alter ziemlich kompliziert (Abb. 3).

Das maximale Alter des Tiefenwassers im Vierwaldstättersee beträgt rund drei Jahre, es wird am Grund des 214 m tiefen und relativ windgeschützten Gersauerbeckens (Station GE2 in Abb. 3) erreicht. Der beinahe ebenso tiefe Urnersee (Station UR2) hingegen wird durch Föhnstürme, die aufgrund der Nord-Süd-Ausrichtung des Sees häufig auftreten, viel stärker durchmischt, sein Tiefenwasser ist dementsprechend kaum älter als ein Jahr. Bei genauerer Betrachtung lassen sich auch durch Dichteunterschiede angetriebene Strömungen zwischen den Becken in der Altersverteilung erkennen. So schwappt junges Wasser aus dem Vitznauerbecken (Station VI3) in den Gersauersee, während dessen altes Tiefenwasser über eine Schwelle strömt und in den tiefen Urnersee abtaucht.

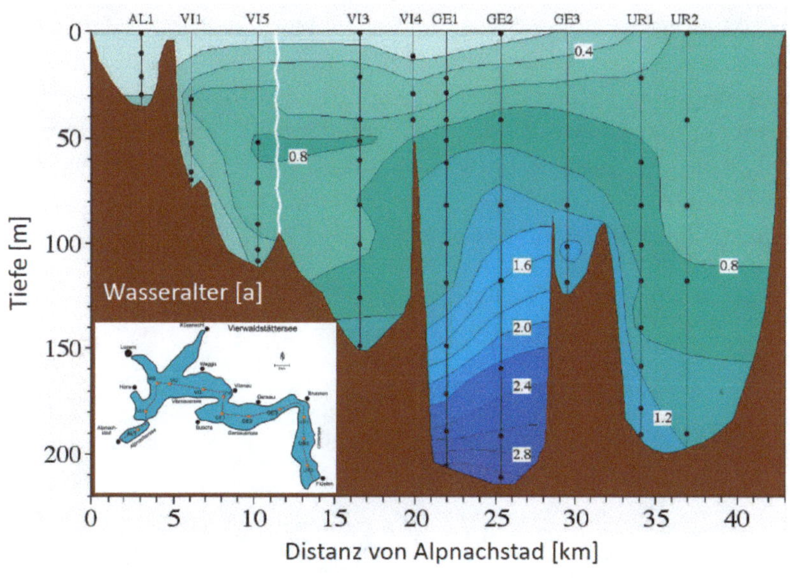

Abb. 3: Altersverteilung entlang eines Längsschnittes durch den Vierwaldstättersee (aus Aeschbach-Hertig et al., 1996). Die Lage der Schnittline (rot gestrichelt) und die Positionen der Messstationen sind aus der kleinen Karte ersichtlich.

Auch in der Ozeanographie werden die oben genannten Spurenstoffe oder „Tracer" intensiv genutzt. Mit Tritium, FCKWs und SF_6 lässt sich hervorragend verfolgen, wie Wasser von der Meeresoberfläche, wo es sich mit den Tracern aus der modernen Atmosphäre auflädt, in die Tiefe gemischt wird. Dies geschieht nur an wenigen Stellen, den

Tiefenwasserbildungsgebieten im Nordatlantik und um die Antarktis. In diesen hohen Breiten erreicht das Oberflächenwasser durch Abkühlung die notwendige hohe Dichte, um in den tiefen Ozean abtauchen zu können. Dadurch wird die gesamte Umwälzung des Tiefenwassers der Weltmeere, die sogenannte thermohaline Zirkulation, angetrieben. Da diese Zirkulation enorme Mengen von Wärme und Kohlendioxid (CO_2) bewegt, ist ihre Untersuchung ein zentraler Bestandteil der aktuellen Klimaforschung.

Das kalte und dichte neu gebildete Tiefenwasser transportiert auch die modernen Tracer in die Tiefe, so dass die Verteilung dieser Spurenstoffe in den Weltmeeren die globale Ozeanzirkulation sehr plastisch sichtbar macht (Abb. 4). Tritium, FCKWs und SF_6 sind normalerweise nur in Oberflächenwasser, den obersten wenigen hundert Metern, zu finden. Nur im hohen Norden des Nordatlantiks findet man messbare Konzentrationen dieser Stoffe bis hinunter in mehrere tausend Meter Tiefe, ein klarer Beweis dafür, dass hier Tiefenwasserbildung stattfindet. Die moderne Tracerozeanographie beobachtet die zeitliche Entwicklung dieser Tracerverteilungen, um feststellen zu können, ob sich die Tiefenwasserbildung infolge der globalen Erwärmung abschwächt.

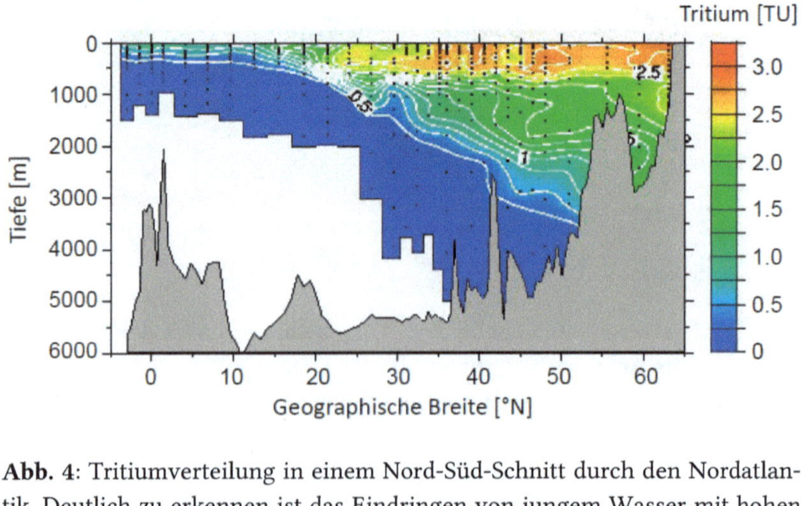

Abb. 4: Tritiumverteilung in einem Nord-Süd-Schnitt durch den Nordatlantik. Deutlich zu erkennen ist das Eindringen von jungem Wasser mit hohen Tritiumgehalten in die Tiefe im Tiefenwasserbildungsgebiet am nördlichen Ende des Atlantikbeckens. Darstellung von Daten des World Ocean Circulation Experiment, Environmental Tracer Group, Lamont-Doherty Earth Oservatory, modifiziert.

In weite Teile des tiefen Ozeans sind die modernen Tracer allerdings noch gar nicht vorgedrungen. Das Wasser dort ist also älter als 60 Jahre und die Tracerozeanographie benötigt andere Methoden, um die gesamte Dynamik der Ozeanzirkulation verfolgen zu können. Hier kommt üblicherweise der Radiokohlenstoff zum Einsatz, der im Ozean etwas besser funktioniert als im Grundwasser, aber auch nicht optimal. Die Komplexität der Karbonatchemie führt dazu, dass der ^{14}C-Gehalt des gelösten Kohlenstoffs im Oberflächenwasser nicht im Gleichgewicht mit der Atmosphäre steht. Die Korrektur für diesen Effekt führt zu bedeutenden Unsicherheiten im resultierenden „Zirkulationsalter". Dennoch wissen wir aufgrund von ^{14}C-Messungen im Tiefenwasser der Ozeane, dass im tiefen Nordpazifik maximale Zirkulationsalter von über 1000 Jahren erreicht werden.

Das Datierungsproblem für den mittleren Altersbereich und seine Lösung

Sowohl für die Isotopenhydrologie als auch für die Tracerozeanographie stellt die Datierung von Wasser im Altersbereich zwischen rund 60 und 1000 Jahren ein Problem dar: Die Tracer für modernes Wasser sind nicht vorhanden und ^{14}C ist zu wenig genau. Eigentlich gibt es aber ein ideal geeignetes radioaktives Isotop für diesen Altersbereich: Das Argon-Isotop ^{39}Ar passt mit seiner Halbwertszeit von 270 Jahren genau in diese Datierungslücke. Als Edelgas verhält es sich viel einfacher als ^{14}C. Es verweilt primär in der Luft, wo sich eine global einheitliche Konzentration einstellt, und löst sich von dort in geringen Mengen im Oberflächenwasser. Sowohl im Grundwasser als auch im ozeanischen Tiefenwasser unterliegt es nur dem radioaktiven Zerfall, ohne störende geochemische Effekte. Das Prinzip der ^{39}Ar-Datierung von Grundwasser ist also sehr einfach.

Das Problem bei ^{39}Ar ist allerdings seine extreme Seltenheit, welche die Messung enorm erschwert. So findet sich in moderner Luft unter einer Billiarde (10^{15}) Argon-Atomen nur gerade ein einziges ^{39}Ar. Diese Atome aus dem Wasser abzutrennen und nachzuweisen entspricht wahrlich der sprichwörtlichen Suche nach der Stecknadel im Heuhaufen. Der klassische Ansatz besteht darin, sich den radioaktiven Zerfall zunutze zu machen, der ja leicht detektierbar ist. Allerdings sprechen hier die absoluten Zahlen dagegen: In einem Liter Oberflächenwasser befinden sich nur rund 8000 ^{39}Ar-Atome, von denen nur alle paar Wochen eines zerfällt. Um den Zerfall messbar zu machen, wird daher Argon aus mehreren Tonnen Wasser benötigt. Für Grundwasser ist das gerade noch machbar, in der ozeanographischen Forschung sind solche Probenmengen im Routinebetrieb nicht zu bewältigen.

Die Schwierigkeit, dass die Zerfallsraten natürlich vorkommender, langlebiger Radioisotope sehr gering sind, ist in der Umweltphysik altbekannt. Die Lösung besteht darin, nicht nur die seltenen Zerfälle, sondern direkt die vorhandenen Atome solcher Isotope zu messen. Im Falle des Radiokohlenstoffes brachte die Technik der Beschleunigermassenspektrometrie (Accelerator Mass Spectrometry, AMS) in dieser Hinsicht einen Durchbruch und machte den Nachweis von ^{14}C, das in atmosphärischem CO_2 in einem Verhältnis von 10^{-12} zum gewöhnlichen Kohlenstoff vorkommt, an kleinen Proben von ca. einem Milligramm Kohlenstoff möglich. Leider ist das übliche AMS-Verfahren für Edelgase wie Ar nicht anwendbar, da keine stabilen negativen Ionen erzeugt werden können.

Ganz unabhängig von den besprochenen Problemen haben Atomphysiker schon lange erfolgreich Methoden entwickelt, um mit Hilfe von Laserlicht einzelne Atome einzufangen und zu manipulieren. Um die Jahrtausendwende hat eine Arbeitsgruppe am Argonne National Laboratory (USA) demonstriert, dass mit diesen Methoden gezielt einzelne sehr seltene Isotope, insbesondere von Edelgasen, eingefangen und nachgewiesen werden können. Die Methode der „Atom Trap Trace Analysis“ (ATTA) für das Isotop ^{81}Kr wurde mittlerweile erfolgreich zur Datierung von sehr altem Grundwasser sowie von antarktischem Eis eingesetzt (Lu et al., 2014). Das Grundprinzip der ATTA-Methode besteht darin, die gesuchten seltenen Isotope durch Laserlicht gezielt abzubremsen, in einer sogenannten Atomfalle festzuhalten und dabei durch ihr Fluoreszenzlicht eindeutig nachzuweisen und zu zählen. Das Besondere an dieser Methode ist ihre absolut perfekte Selektivität: Nur die „richtigen“ Atome, die das eingestrahlte Laserlicht optimal aufnehmen und abgeben können, werden abgebremst und nachgewiesen.

Die ATTA-Methode eignet sich auch für ^{39}Ar und damit zur Lösung des Datierungsproblems für den mittleren Altersbereich. Diesem Ziel widmet sich seit rund 10 Jahren eine Heidelberger Kooperation aus Umwelt- und Atomphysik. Meine Gruppe am Institut für Umweltphysik hat Methoden aufgebaut, um reines Argon aus Wasser abzutrennen, sowohl für große Wasserproben von mehreren tausend Litern, wie sie für die klassische Zerfallszählung benötigt werden, als auch für Proben von wenigen zehn Litern, wie wir sie seit neuestem mit ATTA analysieren können. Die Gruppe von Prof. Markus Oberthaler am Kirchhoff-Institut für Physik hat ihre im Rahmen von Grundlagenforschung zu quantenmechanischen Systemen entwickelten Methoden derart angepasst und perfektioniert, dass eine ATTA-Apparatur gebaut werden konnte, die nun auch das im Vergleich zu ^{81}Kr noch viel seltenere ^{39}Ar nachweisen kann (Abb. 5). Aus einer Probe von vier Millilitern reinem Argon, das wir aus rund zehn Litern Wassern erhalten, können mit der neuen Apparatur pro Stunde rund drei ^{39}Ar-Atome eingefangen und nachgewiesen werden. Das ist nicht viel, aber genug um in 24 Stunden Messzeit ein Resultat über die Häufigkeit von ^{39}Ar in der Probe zu erhalten. Die klassische Zerfallszählung benötigt dafür die hundertfache Probenmenge und die zehnfache Messzeit.

Abb. 5: Prototyp einer ATTA-Apparatur für ^{39}Ar, der von der Gruppe von Prof. Dr. Markus Oberthaler am Kirchhoff-Institut für Physik gebaut wurde. Foto: Florian Freundt.

Um die tatsächliche Anwendbarkeit der neuen Messmethode zu demonstrieren, haben wir an verschiedenen Standorten Grundwasserproben entnommen und sie für die Messung mit ATTA ebenso wie für Vergleichsmessungen mit der herkömmlichen Zerfallszählung im

Tieflabor der Universität Bern vorbereitet. Für die ersten Messungen mit ATTA waren noch große Proben notwendig, ebenso wie für die Zerfallszählung. Natürlich wäre es höchst unpraktisch, tonnenweise Wasser ins Labor zu transportieren. Der erste Aufbereitungsschritt – alle gelösten Gase aus dem Wasser zu entfernen und als Probe zu sammeln – wird daher direkt am Grundwasserbrunnen durchgeführt. Dies erreicht man mit sogenannten Membrankontaktoren, wie sie auch in der Medizin für den kontrollierten Austausch von Sauerstoff und Kohlendioxid mit Blut eingesetzt werden. Lässt man Wasser aus einem Brunnen durch einen solchen Kontaktor strömen und pumpt dabei auf dessen Gasseite, so werden dem Wasser über 90 Prozent der gelösten Gase entzogen. In 1 bis 2 Stunden kann man so 2000 bis 3000 l Wasser entgasen und das Gas, komprimiert auf 7 bar, in einen handlichen 9-l-Behälter abfüllen. Im Labor wird das luftähnliche Gasgemisch gaschromatographisch aufgetrennt, um reines Argon zu erhalten. Dieses wird zuletzt in einen kleinen Edelstahlfinger überführt, der dann entweder ins Zähllabor in Bern oder ins ATTA-Labor am Kirchhoff-Institut in Heidelberg gebracht werden kann.

In der ATTA-Apparatur werden die Argon-Atome zuerst durch eine Gasentladung in einen angeregten Zustand gebracht, in dem sie mit genau abgestimmtem Laserlicht manipuliert werden können. Die gesuchten seltenen ^{39}Ar-Atome werden von den Laserstrahlen in der Bahn gehalten und allmählich abgebremst, bis sie in der Atomfalle für rund eine Sekunde festgehalten und dabei gezählt werden. Die Resultate der ersten Grundwasserproben sowie einiger Testproben, die mit der neuen Methode gemessen wurden, passen sehr gut zu den Vergleichsmessungen mit Zerfallszählung (Abb. 6). Somit ist nachgewiesen, dass die neue Messmethode funktioniert. Die berechneten Alter stimmen auch gut überein mit Hinweisen, die sich aus der Messung anderer Isotope ergeben hatten, lassen aber genauere Schlüsse zu. So wurden zwei weitere, hier nicht gezeigte Proben aus Trinkwasserbrunnen nahe Heidelberg, deren Alter man aufgrund von Tritium und ^{14}C nur grob auf zwischen 60 und 1000 Jahre eingrenzen konnte, mit ^{39}Ar auf Alter von 360 bzw. 380 Jahren datiert.

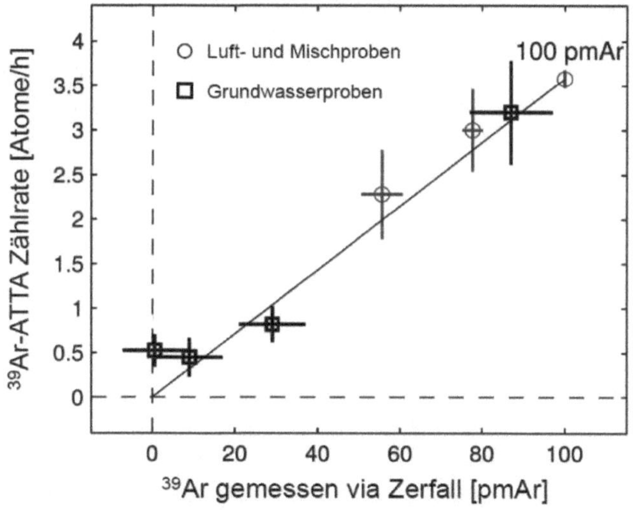

Abb. 6: Vergleich der Messresultate von ATTA (vertikale Achse, als Zählraten von Atomen pro Stunde) mit den Ergebnissen einer herkömmlichen Zerfallszählung (horizontale Achse, als Prozent des Signals von modernem Argon), aus Ritterbusch et al., 2014 (modifiziert). Die beiden Methoden ergeben für Proben über den gesamten Bereich von sehr alt (links unten) bis zu modernem Argon (rechts oben) eine gute Übereinstimmung.

Trotz dieser ersten Erfolge ist der Weg hin zu einer routinemäßigen Anwendung von ^{39}Ar mittels der ATTA-Analytik noch weit. Derzeit wird dafür eine neue, auf die Messung kleiner Proben optimierte und spezialisierte Apparatur gebaut. Damit sollte es möglich werden, in Zukunft problemlos Wasserproben, etwa aus den Weltmeeren, aber auch aus Grundwasser, mit ^{39}Ar zu datieren. Auch Projekte zur Altersdatierung an alpinen Gletschern sind bereits geplant. Das größte Potential hat ^{39}Ar zur Untersuchung der Tiefenwasserzirkulation im Ozean, hierfür wird es aber notwendig sein, hunderte Proben pro Jahr messen zu können.

Literatur

Aeschbach-Hertig, W., R. Kipfer, M. Hofer, D.M. Imboden, and H. Baur, 1996. *Density-driven exchange between the basins of Lake Lucerne (Switzerland) traced with the* ^{3}H-^{3}He *method.* Limnol. Oceanogr. 41: 707–721.

Lu, Z.-T., P. Schlosser, W. M. Smethie, N. C. Sturchio, T. P. Fischer, B. M. Kennedy, R. Purtschert, J. P. Severinghaus, D. K. Solomon, T. Tanhua and R. Yokochi, 2014. *Tracer applications of noble gas radionuclides in the geosciences.* Earth Sci. Rev. 138: 196–214.

Newman, B. D., K. Osenbrück, W. Aeschbach-Hertig, D. K. Solomon, P. Cook, K. Rozanski, and R. Kipfer, 2010. *Dating of 'young' groundwaters using environmental tracers: advantages, applications, and research needs.* Isotopes Environ. Health Studies 46: 259–278.

Ritterbusch, F., S. Ebser, J. Welte, T. Reichel, A. Kersting, R. Purtschert, W. Aeschbach-Hertig, and M. K. Oberthaler, 2014. *Groundwater dating with Atom Trap Trace Analysis of* ^{39}Ar*.* Geophys. Res. Lett., 41: 6758–6764.

Stute, M., J. Deák, K. Révész, J.K. Böhlke, É. Deseö, R. Weppernig, and P. Schlosser, 1997. *Tritium/*^{3}He *dating of river infiltration: An example from the Danube in the Szigetkös area, Hungary.* Ground Water 35: 905–911.

von Rohden, C., A. Kreuzer, Z. Chen, R. Kipfer, and W. Aeschbach-Hertig, 2010. *Characterizing the recharge regime of the strongly exploited aquifers of the North China Plain by environmental tracers, Water Resour.* Res., 46, W05511, doi:10.1029/2008WR007660.

Recht auf Wasser

Ute Mager

I. Einleitung

Kein Mensch kann ohne Wasser leben. Aus diesem Grunde ist es naheliegend anzunehmen, dass ein jeder Mensch ein Recht auf Wasser hat. Dennoch besteht nach wie vor keine Einigkeit, ob es ein Menschenrecht auf Wasser gibt, ja überhaupt geben kann.

Die Schwierigkeiten beginnen, wenn man sich fragt, welchen genauen Inhalt ein solches Recht haben könnte:

- Eine bestimmte Menge an Litern pro Kopf und Tag?
- Wasser nur zum Trinken oder auch zum Waschen, nur des eigenen Körpers oder auch der Kleidung?
- Umfasst das Recht auf Wasser auch die Versorgung mit sanitären Anlagen?
- Wer ist Anspruchsgegner? Nur der Staat oder auch Private, insbesondere Wasserversorgungsunternehmen?
- Wozu genau ist der Staat verpflichtet? Muss er Infrastruktur zur Verfügung stellen? Womöglich kostenlos?
- Hat ein Menschenrecht auf Wasser Bedeutung für die Art und Weise der Wasserversorgung?

Die erste europäische Bürgerinitiative lautete „Recht auf Wasser". Sie wurde von 1.884.790 Menschen unterstützt. Die meisten Beteiligten kamen aus Deutschland. Ziel der Initiative war es zu verhindern, dass unionsrechtliche Privatisierungsbestrebungen sich auf den Wassersektor erstrecken. In der Tat wurde der Wassersektor ausdrücklich aus der Konzessionsrichtlinie von 2014 herausgenommen.[1]

Abgesehen von Anspruchsinhalt, Anspruchsgegner und möglichen Auswirkungen auf die Organisation der Wasserversorgung ist eine weitere Frage, ob und in welcher Weise ein Recht auf Wasser sich auf die Wasserverteilung zwischen den verschiedenen wassernutzenden Sektoren auswirken kann, neben den häuslichen Verbrauchern insbesondere Landwirtschaft und Industrie, nicht zu vergessen die Bedürfnisse der Umwelt.

Und schließlich: wer kann ein Recht auf Wasser durchsetzen und wie?

Nach den Angaben der UN beträgt die Zahl der Menschen ohne gesicherte Trinkwasserversorgung heute 783 Millionen Menschen, das sind 11 Prozent der Weltbevölkerung. Dies ist der Stand, nachdem das im Jahre 2000 ausgerufene Milleniumsziel, zum Jahr 2015 die Zahl der Menschen ohne ausreichende Trinkwasserversorgung zu halbieren[2], erreicht wurde.

Die neuen Global Goals bzw. Ziele des Zukunftsvertrages sehen in Bezug auf die Wasserversorgung vor, dass bis 2030 allgemeiner, gleicher, sicherer und erschwinglicher Zugang zu Trinkwasser für alle verwirklicht sein wird.[3]

[1] Erwägungsgrund 40 der RL 2014/23/EU DES EUROPÄISCHEN PARLAMENTS UND DES RATES vom 26. Februar 2014 über die Konzessionsvergabe.

[2] Milleniumsziel Nr. 7 von 2000: Die Zahl der Menschen, die über keinen nachhaltigen Zugang zu gesundem Trinkwasser verfügen, soll um die Hälfte gesenkt werden.

[3] Weitere Ziele sind: "By 2030, achieve access to adequate and equitable sanitation and hygiene for all and end open defecation, paying special attention to the needs of women and girls and those in vulnerable situations. By 2030, improve water quality by reducing pollution, eliminating dumping and minimizing release of hazardous chemicals and materials, halving the proportion of untreated wastewater and substantially increasing recycling and safe reuse globally. By 2030, substantially increase water-use efficiency across all sectors and ensure sustainable withdrawals and supply of freshwater to address water scarcity and substantially reduce the number of people suffering from water scarcity. By 2030, implement integrated water resources management at all levels, including through transboundary cooperation as appropriate. By 2020, protect and restore water-related ecosystems, including mountains, forests, wetlands, rivers, aquifers and lakes. By 2030, expand international cooperation and capacity-building support to developing countries in water- and sanitation-related activities and programmes, including water harvesting, desalination, water efficiency, wastewater treatment, recycling and reuse technologies Support and

Dies sind politische Ziele, die die Dringlichkeit des Themas zeigen. Durch die ständig steigende Anzahl von Menschen und die damit verbundene Zunahme der Wassernutzung auch der anderen Sektoren wird deren Verwirklichung kontinuierlich anspruchsvoller. Wasserverteilung und Wasserversorgung stehen zweifellos ganz vorne auf der Agenda der Weltprobleme. Die Frage ist, ob und inwieweit ein Recht auf Wasser einen Beitrag zur Lösung leisten kann.

Im Folgenden werde ich den aufgeworfenen Fragen und damit der Rolle, die ein Menschenrecht auf Wasser im Rahmen des globalen Wasserproblems spielen kann, in vier Schritten nachgehen: Zuerst werde ich die Rechtsgrundlagen für ein Menschenrecht auf Wasser darlegen, sodann Inhalt und Wirkungen eines solchen Rechts genauer entfalten und drittens auf die Durchsetzbarkeit eingehen. Schließlich werde ich noch kurz die Organisation der Wasserversorgung in Deutschland ansprechen.

II. Rechtsquellen

Menschenrechte betreffen das Staat-Bürger-Verhältnis, wobei mit Bürger alle der staatlichen Ordnung unterworfenen Privatpersonen gemeint sind, unabhängig von der Staatsangehörigkeit. Menschenrechte sind demzufolge zunächst einmal Gegenstand des jeweiligen nationalen Rechts. Internationale Menschenrechtserklärungen und verpflichtende Menschenrechtspakte, also Verträge zwischen Staaten, in denen diese sich verpflichten, in ihrem Staat Menschenrechte einzuhalten, gibt es erst seit der zweiten Hälfte des 20. Jahrhunderts, also nach dem Zweiten Weltkrieg.

Die Entwicklung beginnt mit der Allgemeinen Erklärung der Menschenrechte von 1948, die als Resolution der Vollversammlung der Vereinten Nationen jedoch ohne rechtliche Verbindlichkeit ist.

Der erste verbindliche und zugleich sehr erfolgreiche internationale Vertrag, in dem sich Staaten zur Achtung von Menschenrechten gegenüber den Personen unter ihrer Herrschaft verpflichtet haben, ist die Europäische Menschenrechtskonvention von 1950 (EMRK, in Kraft seit 1953).

---

strengthen the participation of local communities in improving water and sanitation management."

Ihr Erfolg beruht nicht zuletzt darauf, dass sie betroffenen Individuen nach Erschöpfung des innerstaatlichen Rechtswegs eine Beschwerdemöglichkeit eröffnet. Hier zeigt sich auch der Sinn völkerrechtlicher Menschenrechtsübereinkommen: Erst sie ermöglichen es, Verletzungen anzuprangern, wenn innerhalb des Staates rechtsstaatliche Defizite bestehen. Ein ausdrückliches Recht auf Wasser enthält die im Übrigen nur für Mitglieder des Europarates verbindliche EMRK allerdings nicht, ebenso wenig die Europäische Sozialcharta oder die Allgemeine Erklärung der Menschenrechte.

Betrachten wir aber zunächst die nationale Ebene und erst in einem zweiten Schritt das Völkerrecht in Bezug auf die Garantie eines Menschenrechts auf Wasser.

1. Das Recht auf Wasser im nationalen Recht

Das Recht auf Wasser gehört nicht zu den klassischen Grundrechten. Ausdrücklich findet es sich heute nur in einigen wenigen Verfassungen als Individualrecht garantiert.[4]

In der Verfassung von Uganda heißt es seit 1995: all Ugandans enjoy rights and opportunities and access to education, health services, *clean and safe water,* decent shelter, adequate clothing, food, security and pension and retirements benefits.[5]

Seit 1996 gewährleistet die Verfassung von Südafrika jedem das Recht auf Zugang zu ausreichend Nahrung und Wasser: the right to access to sufficient food and water.[6]

Vergleichbare Garantien finden sich noch in der Verfassung von Ecuador von 1998[7], von Uruguay seit 2004[8], von Nicaragua seit 2005

[4] Siehe auch hinsichtlich der im Folgenden aufgeführten Verfassungstexte: http://www.righttowater.info/progress-so-far/national-legislation-on-the-right-to-water/.

[5] „The Constitution of Uganda, 1995, Article XIV: The State shall endeavor to fulfill the fundamental rights of all Ugandans to social justice and economic development and shall, in particular, ensure that ... all Ugandans enjoy ... access to clean and safe water."

[6] „South Africa 1996: Section 27.1(b) confirms that everyone has the right to access to sufficient food and water."

[7] „The Constitution of the Republic of Ecuador, 1998, Article 23, recognizes the right to a quality of life that ensures health, feeding and nutrition, *potable water,* a clean environment, social education, work, recreation, housing, clothing and other necessary services. Article 42, confirms that the State shall guarantee the right to health, its promotion and protection through ... the provision of potable water and basic *sanitation* ... in accordance with the principles of equity, universality, solidarity, quality and efficiency. Article 249, gives responsibility of the State to provide public

sowie der Republik Kongo seit 2006[9], unter dem Vorbehalt des Möglichen in der Verfassung der Malediven.

Entwürfe für entsprechende Ergänzungen der Verfassung von Kenia wurden nicht umgesetzt.[10]

Die Verfassungen von Zambia und Gambia (1996) ebenso wie die von Äthiopien (1994) sehen vor, dass der Staat sich bemühen soll, sauberes und sicheres Wasser zur Verfügung zu stellen bzw. gleichen Zugang zu sauberem und sicherem Wasser zu ermöglichen.[11] Dies ist eine deutlich schwächere Garantie, bei der es zweifelhaft ist, ob ein individueller Anspruch besteht.

In anderen Staaten gibt die Verfassung zwar kein ausdrückliches Recht auf Wasser her, die Verfassungsgerichte haben sich aber rechtsfortbildend betätigt. So hat das höchste indische Gericht, der Indische Supreme Court, entschieden, dass das Recht auf Wasser wie auch auf Zugang zu sanitären Anlagen Bestandteil des Rechts auf Leben sei. Der Gerichtshof stellte fest, dass „the right to access to clean drinking water is fundamental to life and there is a duty on the state under Article 21 to provide clean drinking water to its citizens'.[12] Art. 21 der indischen Verfassung lautet: No person shall be deprived of his life or personal liberty except according to procedure established by law. Ausgelöst wurde der Rechtsstreit durch die Verschmutzung eines Flusses infolge industrieller Nutzung.

---

drinking water and irrigation services, the State shall guarantee that public services conform to the principles of efficiency, responsibility, universality, accessibility, continuity and quality, and shall safeguard that their rates or tariffs are equitable."

8 Art. 47, dass der Zugang zu Trinkwasser und sanitären Anlagen ein fundamentales Menschenrecht darstellt."

9 „Article 48 of the Constitution of the Democratic Republic of the Congo, 2006, asserts that the State shall guarantee the right to a decent dwelling, *access to potable water* [unofficial translation]."

10 „Kenya 2005, draft proposal: Article 65, 'Every person has the *right to water* in adequate quantities and of reasonable quality' and Article 66, 'Every person has the *right to a reasonable standard of sanitation*"

11 „The Constitution of Zambia, 1996, in Article 112 stipulates that the State shall endeavour to provide *clean and safe water*. Gambia, 1996, does not explicitly refer to water and sanitation as human rights but in Article 216(4) obligates the State to endeavour to facilitate *equal access to clean and safe water*, adequate health and medical services, habitable shelter, sufficient food and security to all persons. "

12 A. P. Pollution Control Board II v Prof. M.V. Naidu and Others (Civil Appeal Nos. 368–373 of 1999). S. dazu *Anu Mittal*, Right to clean water http://www.lawctopus.com/academike/right-to-clean-water/ (letzter Aufruf: 23.05.2016); allgemein zum Schutz des Rechts auf Wasser durch die Gerichte Indiens s. *Pierre Thielbörger*, The Right(s) to Water. The Multi-Level Governance of a Unique Human Right, 2014, S. 51ff.

Das belgische Verfassungsgericht wiederum leitete ein Recht auf die Versorgung mit Trinkwasser aus Art. 23 der belgischen Verfassung ab (1994), wonach alle Bürger in der Lage sein sollen, in würdigen Umständen zu leben und demzufolge das Recht auf den Schutz der Umwelt und ihrer Gesundheit haben. Grund des Streits war, dass die Provinz Flandern ein Gesetz einführte, wonach alle Bewohner der Provinz das Recht auf kostenlose Verfügbarkeit über 15.000 l Wasser pro Jahr haben, das sind 41 l täglich. Hiergegen klagte ein gemeindlicher Wasserversorger und verlor. Das Gericht argumentierte, dass die Regelung dem Recht eines jeden Individuums auf Zugang zu Trinkwasser entspreche und – infolge der Wasserentgelte im Übrigen – die Wasserverschwendung senke.[13]

Das Grundgesetz enthält keine ausdrückliche Gewährleistung eines Rechts auf Wasser, aber natürlich das Recht auf Leben und körperliche Unversehrtheit. Art. 2 Abs. 2 Satz 1 GG lautet „Jeder hat das Recht auf Leben und körperliche Unversehrtheit." Die Tatsache, dass der Supreme Court von Indien einen solchen Inhalt für die indische Verfassung festgestellt hat, ist aber ohne Bedeutung für die Auslegung des Grundgesetzes. Das Bundesverfassungsgericht hat dies bisher nicht getan, allerdings stellte sich die Frage so auch noch nicht. Fest steht, dass der Staat grundsätzlich nicht das Leben nehmen darf. Daraus folgt etwa auch, dass er Gefangene nicht verdursten lassen darf.

Das Recht auf Leben und körperliche Unversehrtheit umfasst auch Pflichten des Staates zum Schutz vor Lebens- oder Gesundheitsgefahren etwa durch Wasserverschmutzung.

Diese Pflichten treffen in erster Linie den Gesetzgeber. Ein Individualrecht auf Schutz besteht nach deutscher Rechtsauffassung nur nach Maßgabe des sogenannten Untermaßverbots. Dieses verbietet, dass der Staat untätig bleibt, obwohl ihm ein Tätigwerden möglich und zwingend erforderlich ist. Anspruch besteht also nur auf einen Mindestschutz durch gesetzgeberisches Tätigwerden. Ein individueller Leistungsanspruch auf eine Mindestwasserversorgung auf der Grundlage des Rechts auf Leben und körperliche Unversehrtheit gegenüber dem Staat ist für den deutschen Verfassungsrechtler zu-

[13] Ruling 36/98, 1 April 1998. S. dazu Study of human rights and the access to water contribution of the government of Belgium, http://www2.ohchr.org/english/issues/water/contributions/Belgium.pdf (letzter Aufruf: 23.05.2016); allgemein zum Schutz des Rechts auf Wasser in Belgien s. *Pierre Thielbörger*, The Right(s) to Water. The Multi-Level Governance of a Unique Human Right, 2014, S. 19 ff.

mindest ein ungewohnter Gedanke. Grundrechte sind in erster Linie konzipiert als Abwehrrechte gegen staatliche Beeinträchtigung und als Rechte auf Schutz vor Beeinträchtigung durch Dritte. Leistungsrechte sind ihnen grundsätzlich nicht zu entnehmen. Sie bedürfen auf jeden Fall der gesetzlichen Ausgestaltung.

Als Individualrecht anerkannt ist jedoch das Recht auf das Existenzminimum, das seine Grundlage in der Garantie der Menschenwürde gemäß Art. 1 Abs. 1 GG in Verbindung mit dem Sozialstaatsprinzip findet. In der Hartz-IV-Entscheidung aus dem Jahre 2010[14] führte das Bundesverfassungsgericht unter Bezugnahme auf frühere Rechtsprechung aus:

> a) Art. 1 Abs. 1 GG erklärt die Würde des Menschen für unantastbar und verpflichtet alle staatliche Gewalt, sie zu achten und zu schützen (vgl. ...). Als Grundrecht ist die Norm nicht nur Abwehrrecht gegen Eingriffe des Staates. Der Staat muss die Menschenwürde auch positiv schützen (vgl. ...). Wenn einem Menschen die zur Gewährleistung eines menschenwürdigen Daseins notwendigen materiellen Mittel fehlen, weil er sie weder aus seiner Erwerbstätigkeit, noch aus eigenem Vermögen noch durch Zuwendungen Dritter erhalten kann, ist der Staat im Rahmen seines Auftrages zum Schutz der Menschenwürde und in Ausfüllung seines sozialstaatlichen Gestaltungsauftrages verpflichtet, dafür Sorge zu tragen, dass die materiellen Voraussetzungen dafür dem Hilfebedürftigen zur Verfügung stehen. Dieser objektiven Verpflichtung aus Art. 1 Abs. 1 GG korrespondiert ein Leistungsanspruch des Grundrechtsträgers, da das Grundrecht die Würde jedes individuellen Menschen schützt (vgl. ...) und sie in solchen Notlagen nur durch materielle Unterstützung gesichert werden kann.
> b) Der unmittelbar verfassungsrechtliche Leistungsanspruch ... gewährleistet das gesamte Existenzminimum durch eine einheitliche grundrechtliche Garantie, die sowohl die physische Existenz des Menschen, also Nahrung, Kleidung, Hausrat, Unterkunft, Heizung, Hygiene und Gesundheit (vgl. ...), als auch die Sicherung der Möglichkeit zur Pflege zwischenmenschlicher

[14] BVerfGE 125, 175 (Rn. 134 ff.).

Beziehungen und zu einem Mindestmaß an Teilhabe am gesellschaftlichen, kulturellen und politischen Leben umfasst (vgl. ...).
c) Die Gewährleistung eines menschenwürdigen Existenzminimums muss durch einen gesetzlichen Anspruch gesichert sein.

Das Recht auf ein Existenzminimum umfasst also ausdrücklich die Sicherung der physischen Existenz. Der Anspruch auf staatliche Leistung setzt allerdings Hilfsbedürftigkeit voraus. Ein Recht auf Wasser als Leistungsrecht für jedermann lässt sich damit nicht begründen.

Zusammenfassend lässt sich festhalten, dass ein Recht auf Wasser erst im Laufe der 90er Jahre des letzten Jahrhunderts Aufnahme in einige wenige Staatsverfassungen gefunden hat, insbesondere in Afrika und in Südamerika. Gründe dafür sind insbesondere in Afrika Wassermangel und eine unzureichende Wasserinfrastruktur, in Südamerika zudem die schlechten Erfahrungen mit Versuchen, die unzureichende Wasserinfrastruktur durch Privatisierung der Wasserversorgung zu verbessern. Mit der Verankerung eines Rechts auf Wasser in der Verfassung wird zuallererst die staatliche Verantwortung für die Wasserversorgung rechtlich verbindlich zum Ausdruck gebracht.

2. Das Recht auf Wasser im internationalen Recht

Das Auftreten von nationalen Verfassungsbestimmungen seit Mitte der 90er Jahre ist auf das Engste verzahnt mit den Entwicklungen auf der internationalen Ebene.[15]

Bereits in der Abschlussresolution der Wasserkonferenz der Vereinten Nationen in Mar del Plata (Argentinien) von 1977 heißt es:

> All peoples, whatever their stage of development (Entwicklungsstufe) and their social and economic conditions, have the right to have access to drinking water in quantities and a quality equal to their basic needs.

[15] S. zur Entwicklung auf der internationalen Ebene *Laurence Boisson de Chazournes*, Fresh Water in International Law, 2013, 147 ff.; *Silke Ruth Laskowski*, Das Menschenrecht auf Wasser, 2010, S. 145 ff.; *Pierre Thielbörger*, The Right(s) to Water. The Multi-Level Governance of a Unique Human Right, 2014, S. 56 ff.; *Inga T. Winkler*, The Human Right to Water. Significance, Legal Status and Implications for Water Allocation, 2012, S. 37 ff.

Zwar handelte es sich auch hier nur um eine politische Absichtserklärung, und es wird kein Menschenrecht, sondern ein Recht aller Völker formuliert, aber der Gedanke eines Rechts auf Wasser und damit staatlicher Verantwortung für die Wasserversorgung war damit auf internationaler Ebene ausgesprochen.

Als Ziel setzten sich die Staaten damals, bis 1990 alle menschlichen Siedlungen mit sauberem Trinkwasser und sanitären Einrichtungen zu versorgen. Dies ist nicht gelungen und soll nun bis 2030 erreicht werden.

Ausdrückliche völkervertraglich verbindliche Individualrechte auf Zugang zu Wasser finden sich in Konventionen zum Schutz verschiedener besonders verletzlicher Gruppen.

Zu nennen sind in der Reihenfolge ihres Inkrafttretens:

Das Genfer Abkommen über die Behandlung von Kriegsgefangenen (GA III) von 1949. Art. 26 der Konvention lautet: Trinkwasser soll den Gefangenen in genügender Menge geliefert werden.

Art. 27 bestimmt: Den Kriegsgefangenen sollen tags und nachts sanitäre Einrichtungen zur Verfügung stehen, die den Erfordernissen der Hygiene entsprechen und die dauernd sauber zu halten sind. In den Lagern, in denen sich auch weibliche Kriegsgefangene aufhalten, müssen diese über besondere sanitäre Einrichtungen verfügen. Außerdem sollen die Kriegsgefangenen, unbeschadet der in den Lagern vorhandenen Bäder und Duschen, für ihre tägliche Körperpflege und die Reinigung ihrer Wäsche genügend Wasser und Seife erhalten.

Entsprechende Regelungen enthält das Genfer Abkommen über den Schutz von Zivilpersonen in Kriegszeiten (GA IV) von 1949 in Art. 85 und 89.[16]

Im Zusatzprotokoll zu den Genfer Abkommen von 1977, das sich auf den Schutz von Zivilpersonen im Bürgerkrieg bezieht, verlangt Art. 5, dass Personen, denen die Freiheit entzogen ist, im gleichen

[16] Art. 85 Den Internierten sollen tags und nachts sanitäre Einrichtungen zur Verfügung stehen, die den Erfordernissen der Hygiene entsprechen und dauernd sauber zu halten sind. Sie sollen genügend Wasser und Seife für ihre tägliche Körperpflege und die Reinigung ihrer Wäsche erhalten; die hierfür nötigen Einrichtungen und Erleichterungen sind ihnen zu gewähren. Außerdem sollen sie über Duschen und Badeeinrichtungen verfügen. Für ihre Körperpflege und die Reinigungsarbeiten ist ihnen die nötige Zeit einzuräumen. Art. 89 Trinkwasser soll ihnen in genügender Menge geliefert werden.

Umfang wie die örtliche Zivilbevölkerung mit Lebensmitteln und Trinkwasser versorgt werden.

Gemäß Art. 14 ist das Aushungern von Zivilpersonen als Mittel der Kriegführung verboten. Es ist demzufolge untersagt, für die Zivilbevölkerung lebensnotwendige Objekte wie Nahrungsmittel, zur Erzeugung von Nahrungsmitteln genutzte landwirtschaftliche Gebiete, Ernte- und Viehbestände, Trinkwasserversorgungsanlagen und -vorräte sowie Bewässerungsanlagen zu diesem Zweck anzugreifen, zu zerstören, zu entfernen oder unbrauchbar zu machen.

Das Übereinkommen zur Beseitigung jeder Form von Diskriminierung der Frau von 1979, in Kraft seit 1981 (189 Vertragsstaaten), bestimmt in Art. 14: „Die Vertragsstaaten treffen alle geeigneten Maßnahmen zur Beseitigung der Diskriminierung der Frau in ländlichen Gebieten ... und gewährleisten ihr insbesondere das Recht auf ... h) angemessene Lebensbedingungen, insbesondere im Hinblick auf Wohnung, sanitäre Einrichtungen, Elektrizitäts- und Wasserversorgung sowie Verkehrs- und Nachrichtenverbindungen."

Art. 24 der Konvention zum Schutz des Kindes von 1989 bestimmt, dass die Vertragsstaaten „... geeignete Maßnahmen treffen, um c) Krankheiten sowie Unter- und Fehlernährung auch im Rahmen der gesundheitlichen Grundversorgung zu bekämpfen, unter anderem durch ... die Bereitstellung ausreichender vollwertiger Nahrungsmittel und sauberen Trinkwassers, wobei die Gefahren und Risiken der Umweltverschmutzung zu berücksichtigen sind".

Das Übereinkommen zum Schutz der Rechte von Menschen mit Behinderungen von 2006, in Kraft seit 2008 (132 Vertragsstaaten), verlangt in Art. 25 lit. f), dass die Vertragsstaaten die diskriminierende Vorenthaltung von Nahrungsmitteln und Flüssigkeiten aufgrund von Behinderung verhindern. In Art. 28 Abs. 2 lit. a) verpflichten sich die Vertragsstaaten, Maßnahmen zu treffen, um Menschen mit Behinderungen gleichberechtigten Zugang zur Versorgung mit sauberem Wasser zu sichern.

Alle diese völkerrechtlichen Verträge sind für die Vertragsstaaten verbindlich. Sie enthalten allerdings kein universelles Menschenrecht auf Wasser, sondern nur ein Recht auf Wasserversorgung für die genannten besonders schutzbedürftigen und auch tatsächlich besonders von Wassermangel betroffenen Personengruppen. Sie zeigen gerade in dem, was sie verbieten oder verlangen, in welcher Weise die Wasserversorgung von Menschen im Argen liegt.

Als bahnbrechender Schritt auf dem Weg zur Anerkennung eines Menschenrechts auf Wasser gilt der General Comment No 15 (Allgemeine Stellungnahme Nr. 15) mit dem Titel „Das Recht auf Wasser", den der UN-Ausschuss für ökonomische soziale und kulturelle Rechte auf seiner Sitzung am 20. Januar 2003 verabschiedet hat.[17] Bei dem Ausschuss handelt es sich um ein Gremium von 18 Experten, die vom UN-Wirtschafts- und Sozialrat bestimmt werden. Der UN-Wirtschafts- und Sozialrat ist ein UN-Organ, dessen Zusammensetzung und Aufgaben in Art. 61 der UN-Charta näher bestimmt sind.

Aufgabe des Expertenausschusses ist die Sichtung und Auswertung der Berichte, welche die Vertragsstaaten auf der Grundlage von Art. 16 des Internationalen Paktes über ökonomische, soziale und kulturelle Rechte von 1966 regelmäßig vorlegen müssen. Auf dieser Grundlage äußert der Ausschuss sich auch zur Auslegung des Paktes.

Als Rechtsgrundlage für ein Menschenrecht auf Wasser benennt der Ausschuss Art. 11 und Art. 12 des Internationalen Paktes über ökonomische, soziale und kulturelle Rechte, im Folgenden Sozialpakt.

Art. 11 Abs. 1 lautet: „Die Vertragsstaaten erkennen das Recht eines jeden auf einen angemessenen Lebensstandard für sich und seine Familie an, einschließlich ausreichender Ernährung, Bekleidung und Unterbringung, sowie auf eine stetige Verbesserung der Lebensbedingungen. Die Vertragsstaaten unternehmen geeignete Schritte, um die Verwirklichung dieses Rechts zu gewährleisten, und erkennen zu diesem Zweck die entscheidende Bedeutung einer internationalen, auf freier Zustimmung beruhenden Zusammenarbeit an."

Gemäß Art. 12 Abs. 1 erkennen die Vertragsstaaten das Recht eines jeden auf das für ihn erreichbare Höchstmaß an körperlicher und geistiger Gesundheit an.

In keiner der Vorschriften ist von Wasser die Rede.

Der Ausschuss argumentiert, dass die einzelnen Aspekte, die im Zusammenhang des Rechts auf einen angemessenen Lebensstandard genannt werden, nach dem Wortlaut nicht abschließend sind – die Rede ist von „einschließlich ..." – und dass Wasser als unabdingbare Voraussetzung für menschliches Leben klar von diesem Recht umfasst sei. Das Recht auf Wasser sei zudem untrennbar mit dem Recht auf Gesundheit verbunden. Der Ausschuss verweist auch auf die

[17] S. *UN Committee on Economic, Social and Cultural Rights (CESCR),* General Comment No. 15: The Right to Water (Arts. 11 and 12 of the Covenant), 2003, http://www.refworld.org/docid/4538838d11.html, abgerufen am 19.05.2016.

Verbindung mit dem Recht auf Leben und mit der Menschenwürde, geht darauf aber im Weiteren nicht ein. Diese Enthaltsamkeit ist vor dem Hintergrund zu sehen, dass der UN-Ausschuss für ökonomische, soziale und kulturelle Rechte nur für die Auslegung des Sozialpaktes zuständig ist, nicht für die Auslegung des Internationalen Paktes für bürgerliche und politische Rechte von 1966, in dem sich der Schutz der Menschenwürde und das Recht auf Leben finden. Für dessen Auslegung ist vielmehr der Menschenrechtsausschuss auf der Grundlage des Internationalen Paktes über bürgerliche und politische Rechte zuständig.

Der Ausschuss für wirtschaftliche, soziale und politische Rechte stützt das Menschenrecht auf Wasser also auf das Recht auf einen angemessenen Lebensstandard sowie auf das Recht auf Gesundheit. Was aber ist der Inhalt des Menschenrechts auf Wasser, wie es sich nach Auffassung des Ausschusses aus dem Sozialpakt für die immerhin 164 Vertragsstaaten ergibt?[18]

III. Inhalt und Wirkungen

1. Schutzumfang

Als Inhalt des Rechts auf Wasser formuliert der UN-Ausschuss für ökonomische, soziale und kulturelle Rechte in seinem Comment No. 15: Das Menschenrecht auf Wasser berechtigt jedermann zu ausreichendem, sicherem, annehmbarem, tatsächlich zugänglichem und erschwinglichem Wasser für den persönlichen und häuslichen Gebrauch: „accessible, affordable, acceptable“ = zugänglich, erschwinglich, von annehmbarer Qualität.

Der persönliche und häusliche Gebrauch umfasse in der Regel Trinken, persönliche Hygiene einschließlich der Nutzung sanitärer Anlagen, Wäschewaschen, Zubereiten von Mahlzeiten und Haushaltshygiene. Die Menge soll den WHO-Richtlinien, also den Vorgaben der Weltgesundheitsorganisation, entsprechen. Nach diesen

[18] Die Frage, ob es mittlerweile unter Hinweis auf weitere UN-Resolutionen sowohl der Generalversammlung wie des UN-Menschenrechtsrates insbesondere im Jahre 2010 sogar ein gewohnheitsrechtliches und damit für alle Staaten verbindliches Recht auf Wasser gibt, wird nicht vertieft. Nach herrschender Auffassung handelt es sich um ein Recht im Werden: emerging right.

benötigt jeder Mensch täglich 20 l Wasser als Mindestmenge zur Lebenserhaltung und mindestens 50 bis 100 l für die sonstigen persönlichen und häuslichen Zwecke.

Streitig ist die Frage, ob der Zugang zu sanitären Anlagen Teil des Menschenrechts auf Wasser ist. Dagegen wird vorgebracht, dass sanitäre Anlagen nicht zwingend den Gebrauch von Wasser erfordern. Des Weiteren wird argumentiert, dass das Recht auf Zugang zu sanitären Anlagen seine Grundlage schwerpunktmäßig in der Menschenwürde findet, das Recht auf Wasser dagegen in dem Recht auf Leben und Gesundheit. Der Ausschuss argumentiert, dass der Zugang zu sanitären Anlagen eine wesentliche Maßnahme ist, um Krankheiten zu verhindern, die durch Wasserverschmutzung entstehen. Soweit dies als Maßnahme zur Sicherung der Versorgung mit sauberem Wasser erforderlich ist, lässt sich die Gewährleistung einer sanitären Mindestversorgung als Gegenstand des Menschenrechts auf Wasser begründen.

2. Schutzrichtungen

Der Ausschuss knüpft an den Stand der menschenrechtlichen Dogmatik an, indem er zwischen verschiedenen Schutzrichtungen unterscheidet: einem abwehrrechtlichen Gehalt, einem Schutzanspruch und einem Leistungsanspruch: „duty to respect, duty to protect und duty to fulfil." In Bezug auf diese Schutzrichtungen unterscheidet er des Weiteren zwischen grundlegenden, sofort zu erfüllenden Pflichten und Pflichten der kontinuierlichen Verbesserung.

Nach dem Wortlaut von Art. 11 Abs. 1 S. 2 des Sozialpakts sind die Vertragsstaaten nur verpflichtet, die geeigneten Schritte zu unternehmen, um die Verwirklichung des Rechts – auf einen angemessenen Lebensstandard – zu gewährleisten. Auch in Art. 12 Sozialpakt, der sich auf die Gesundheit bezieht, ist nur die Rede davon, dass die Vertragsstaaten das Recht anerkennen und Schritte unternehmen. In der Tat geben die Verpflichtungen des Sozialpakts zu einem großen Teil Entwicklungsziele vor, die von den Vertragsstaaten durch geeignete Maßnahmen nach Maßgabe des Möglichen anzustreben sind. Allerdings hatte der Ausschuss schon früher (General comment No 3 von 1990[19]) festgestellt, dass die Staaten sofort und

[19] Siehe http://www.refworld.org/docid/4538838e10.html.

ohne Aufschub die Verpflichtung trifft, den Minimalstandard eines jeden in dem Pakt enthaltenen Rechts zu gewährleisten.

a) Abwehrrecht – duty to respect

In Bezug auf die abwehrrechtliche Seite umfasst dies die Pflicht des Staates, bestehenden Wasserzugang nicht zu beeinträchtigen, Wasser nicht durch staatliches Handeln zu verschmutzen und Wasserversorgungseinrichtungen nicht zu zerstören. Der Ausschluss von der Wasserversorgung ebenso wie überhöhte Preise stellen mögliche Verletzungen dar. Auch die Erteilung der Erlaubnis an ein Lebensmittelunternehmen, Trinkwasserquellen ausschließlich zu nutzen, die bisher der Versorgung der Bevölkerung dienten, stellt einen Eingriff in das Recht auf Wasser der bisherigen Nutzer dar. Die Erteilung einer solchen ausschließlichen Erlaubnis ist jedenfalls dann eine Verletzung des Rechts auf Wasser, wenn der Staat nicht für angemessenen Ausgleich sorgt. Auch Drittstaaten sind verpflichtet, das Recht auf Wasser zu respektieren. Verboten sind danach etwa Embargos, welche die Wasserversorgung betreffen.

Mit der Aussage, dass die Vertragsstaaten sich jeder Handlung auf ihrem Gebiet enthalten sollen, die einem anderen Staat die Fähigkeit nimmt, Personen auf seinem Gebiet das Recht auf Wasser zu gewährleisten, berührt der Ausschuss das Recht der Nutzung von internationalen Flüssen. Insoweit gelten völkergewohnheitsrechtlich das Schädigungsverbot, das Gebot der angemessenen Nutzung durch alle Anrainerstaaten („equitable and reasonable sharing") und das Kooperationsgebot. Bei Nutzungskonflikten ist lebenswichtigen menschlichen Bedürfnissen („vital human needs") ein relativer Vorrang einzuräumen.[20] Den lebenswichtigen menschlichen Bedürfnissen entspricht die Wassermenge, die nötig ist, um menschliches Leben aufrechtzuerhalten. Die Berlin Rules der International Law Association (ILA) von 2004 konkretisieren dies als Wassermenge, die für Trinken, Kochen, sanitäre Bedürfnisse sowie für die Haushaltsführung erforderlich ist.[21]

[20] Art. 10 International Convention on Non-Navigational Uses of International Watercourses.

[21] Art. 3 Nr. 20 Berlin Rules: "Vital human needs" means waters used for immediate human survival, including drinking, cooking, and sanitary needs, as well as water needed for the immediate sustenance of a household.

b) Schutzrecht – duty to protect

Die Verpflichtung zum Schutz verlangt, dass die Vertragsstaaten Dritte daran hindern, das Menschenrecht auf Wasser zu beeinträchtigen. Als Kernverpflichtungen nennt der Comment No. 15 die Pflicht sicherzustellen, dass die persönliche Sicherheit beim Wasserholen nicht gefährdet ist sowie das Ergreifen von Maßnahmen zur Verhinderung von Krankheiten, die durch schmutziges Wasser hervorgerufen werden.

Darüber hinaus umfasst die Schutzpflicht weitergehende Maßnahmen des Gesetzgebers zur Sicherung der Wasserqualität.

Von großer praktischer Bedeutung ist die Schutzpflicht zudem im Falle der Privatisierung der Wasserversorgung. Bekanntermaßen war es in den 90er Jahren des letzten Jahrhunderts die Politik der Weltbank wie auch des Internationalen Währungsfonds, Finanzhilfen auch im Bereich der Wasserversorgung von der Privatisierung abhängig zu machen. Dem lag die Annahme zugrunde, dass die Staaten finanziell und auch organisatorisch nicht in der Lage seien, eine moderne Wasserinfrastruktur aufzubauen. Allerdings hat die Erfahrung gezeigt, dass die Wasserunternehmen ihrem Zweck entsprechend, Gewinne zu machen, ihrerseits nicht hinreichend in die Infrastruktur investiert haben, sowie primär dicht besiedelte Gebiete und in Städten Vierteln mit zahlungskräftigen Abnehmern versorgt haben. Zudem kam es in der Regel zu massiven Preiserhöhungen.[22] Als Beispiel sei auf den sog. Wasserkrieg von Cochabamba in Bolivien hingewiesen.[23]

Inzwischen haben auch IWF und Weltbank erkannt, dass ihr Konzept auf „irrationalem Optimismus“[24] beruhte. Ein Menschenrecht auf Wasser schließt nicht grundsätzlich Privatisierung aus. Es verpflichtet den Staat jedoch, auch im Falle einer privatisierten Wasserversorgung durch entsprechende Ausgestaltung der Verträge mit den Investoren und Unternehmen sicherzustellen, dass der Mindestinhalt des Rechts auf Wasser für jeden Menschen in seinem Hoheitsgebiet gesichert ist.

[22] S. dazu *Silke Ruth Laskowski*, Das Menschenrecht auf Wasser, 2010, S. 52; *Toralf Staud*, Wasser – Wichtiger als Erdöl, Die Zeit v. 31. Januar 2002, http://www.zeit.de/2002/06/staud_wasser.xml (Stand: 24.07.2017) und die entsprechende Prognose bei *Pierre Thielbörger*, The Right(s) to Water. The Multi-Level Governance of a Unique Human Right, 2014, S. 151.

[23] S. dazu *Silke Ruth Laskowski*, Das Menschenrecht auf Wasser, 2010, S. 52.

[24] S. dazu *Silke Ruth Laskowski*, Das Menschenrecht auf Wasser, 2010, S. 58.

Nach Auffassung des Ausschusses hat auch und gerade die Schutzpflicht eine internationale Dimension. Sie verpflichtet die Staaten, in denen private Wasserversorgungsunternehmen ihren Sitz haben, etwa im Rahmen bilateraler zwischenstaatlicher Investitionsverträge, darauf hinzuwirken, dass die Unternehmen sich aller Handlungen enthalten, die das Recht auf Wasser verletzen. Bisher ist das in der Regel nicht der Fall, und Schiedsgerichte haben im Rahmen der Streitbeilegung zwischen Investoren und Staaten ein Recht auf Wasser nicht zur Anwendung gebracht.[25]

c) Leistungsrecht – duty to fulfil

Das Recht auf Wasser hat nicht zuletzt eine Leistungsdimension. Der Ausschuss untergliedert diese Dimension in drei Teile: Verpflichtungen die Wahrnehmung des Rechts zu erleichtern, zu fördern und bereitzustellen („facilitate, promote, provide"). Danach muss der Staat

1. positive Maßnahmen ergreifen, um die Wahrnehmung des Rechts durch Individuen oder Gemeinschaften zu unterstützen;
2. Informations- und Aufklärungsmaßnahmen („education") hinsichtlich hygienischem Wassergebrauch, Schutz von Wasserquellen und Vermeidung von Wasserverschwendung durchführen sowie
3. diejenigen, die nicht selbst in der Lage sind, ihren Wasserbedarf zu decken, mit dem nötigen Wasser zu versorgen.

Der Staat muss zudem für eine nicht-diskriminierende und angemessene Preispolitik sorgen. Ärmere Bevölkerungsschichten dürfen nicht mehr Geld für Wasser ausgeben müssen als reichere, wie dies zum Teil der Fall ist, weil Leitungswasser günstiger ist als Flaschenwasser, die Slums aber nicht an das Wasserversorgungsnetz angeschlossen sind.[26]

[25] S. dazu *Pierre Thielbörger*, The Right(s) to Water. The Multi-Level Governance of a Unique Human Right, 2014, S. 167 f.

[26] S. *UN Committee on Economic, Social and Cultural Rights (CESCR)*, General Comment No. 15: The Right to Water (Arts. 11 and 12 of the Covenant), 2003, Abs. 15 f.,http://www.refworld.org/docid/4538838d11.html, abgerufen am 19.05.2016; *Inga T. Winkler*, The Human Right to Water. Significance, Legal Status and Implications for Water Allocation, 2012, S. 111, 113 f.

Des Weiteren gründet der Ausschuss auf das Recht auf Wasser die Verpflichtung zu einem nachhaltigen Wassermanagement einschließlich Öffentlichkeitsbeteiligung und Monitoring in Bezug auf den Stand der Verwirklichung des Rechts auf Wasser.

Die Kernverpflichtung umfasst jedenfalls die Garantie der gesicherten Versorgung mit der Minimummenge an sauberem Wasser, das nötig ist, um die persönlichen und häuslichen Bedürfnisse zu befriedigen und um Krankheiten zu verhindern, des Weiteren die Sicherung eines nicht-diskriminierenden Zugangs insbesondere für benachteiligte und Randgruppen. Außerdem muss jeder Staat über eine Wasserstrategie verfügen.

Auch die Leistungsdimension des Rechts auf Wasser umfasst nach Auffassung des Ausschusses internationale Verpflichtungen, namentlich die Verpflichtung von Drittstaaten zur Hilfe.

3. Bedeutung für die Wasserallokation (Verteilung zwischen den verschiedenen Sektoren)

Das Menschenrecht auf Wasser ist seinem Inhalt nach auf die Nutzung für überlebenswichtige und persönliche Bedürfnisse beschränkt. Es besteht Einigkeit, dass die Weltwassermenge hierfür ausreicht und dass selbst die in Trockenregionen liegenden Staaten diese Bedürfnisse nach der vorhandenen Wassermenge problemlos befriedigen könnten.

Das Problem ausreichender Wasserversorgung für menschliche Grundbedürfnisse stellt sich erst und deshalb mit aller Schärfe, weil Industrie und vor allem Landwirtschaft in ungeheuren Mengen Wasser benötigen. Auch der Umweltschutz setzt dem Wasserverbrauch Grenzen, allerdings in einer Weise, die dem Menschenrecht auf Wasser letztlich eher förderlich ist.

Wie dem auch sei, es stellt sich die Frage, ob und inwieweit das Menschenrecht auf Wasser Bedeutung für die Verteilung des Wassers zwischen den verschiedenen Sektoren erlangt. Diese Frage hat Inga Winkler in ihrer 2012 erschienenen Dissertation untersucht.[27] Sie legt dar, dass auch die anderen wassernutzenden Sektoren menschenrechtlich aufgeladen werden können. Dies gilt insbesondere für

[27] *Inga T. Winkler*, The Human Right to Water. Significance, Legal Status and Implications for Water Allocation, 2012.

die Landwirtschaft, die für das Recht auf ausreichende Ernährung von Bedeutung ist, aber auch für die Industrie im Hinblick auf das Recht auf Berufsfreiheit oder das Recht auf Arbeit. Sie argumentiert, dass das Recht auf Wasser insoweit Vorrang genießen muss, als es – anders als andere Menschenrechte – direkten Zugang zu Wasser verlangt, nicht substituierbar ist und keine Wassereinsparung erlaubt. Daraus folgert sie einen absoluten Vorrang für die überlebensnotwendige Wassernutzung und einen weitgehenden Vorrang für die persönliche und häusliche Nutzung. Ob sich ein Vorrang der Wasserverwendung für die Produktion von Lebensmitteln vor industrieller Nutzung begründen lässt, ist dagegen bereits fraglich angesichts der Möglichkeit, Nahrungsmittel an anderer Stelle zu produzieren und zu transportieren. In der Zusammenfassung ihrer Untersuchung hebt sie hervor, dass der menschenrechtliche Ansatz keinesfalls das Allheilmittel ist, um das Problem der Wasserallokation eindeutig zu lösen.

Es ersetzt nicht den vom Umweltschutz und dem Ziel der Nachhaltigkeit herkommenden Ansatz des integrierten Wassermanagements, das von der Wasserressource ausgeht und alle an diese gerichteten Bedürfnisse in den Blick nimmt. Letztlich widersprechen sich die beiden Ansätze – der menschenrechtliche und der ressourcenbezogene – aber auch nicht, sondern ergänzen sich. Beide Ansätze stimmen zudem in der Forderung überein, dass Wassermanagement- und Allokationsentscheidungen auf der Grundlage weitgehender Öffentlichkeitsbeteiligung stattfinden sollten.

IV. Durchsetzbarkeit

Wie lässt sich das Menschenrecht auf Wasser gegen den Staat als Antragsgegner durchsetzen? Insoweit sind die nationale und die internationale Rechtsdurchsetzung zu unterscheiden.

1. Durchsetzbarkeit auf der nationalen Ebene

Enthält die Verfassung oder das einfache nationale Recht ein Recht auf Wasser, so kann dessen Verletzung grundsätzlich vor den nationalen Gerichten geltend gemacht werden. So finden sich in der südafrikanischen Rechtsprechung einige Entscheidungen, denen Klagen gegen den Ausschluss von der Wasserversorgung zugrunde lagen. Das Verfassungsgericht von Botswana hat die Vertreibung der dort ansässigen Bevölkerung von ihren angestammten Trinkwasserquellen für verfassungswidrig erklärt.[28] Ich erinnere an die schon genannten Entscheidungen des Belgischen und des Indischen Verfassungsgerichts.

Enthält das nationale Recht kein Recht auf Wasser, ist es nicht ausgeschlossen, dass ein Vertragsstaat des Sozialpakts vor seinen nationalen Gerichten wegen Verstoßes gegen Art. 11 und 12 des Paktes verklagt werden kann. Dies hängt davon ab, welche Verbindlichkeit eine völkerrechtliche Verpflichtung nach innerstaatlichem Recht hat. In Deutschland kommt dem Sozialpakt gemäß Art. 59 Abs. 2 GG der Rang eines einfachen Gesetzes zu. Danach bedürfen völkerrechtliche Verträge, welche sich auf Gegenstände der Bundesgesetzgebung beziehen, eines Zustimmungsgesetzes. Der Sozialpakt ist demgemäß durch Zustimmungsgesetz (BGBl. II 1973, S. 1570) in das deutsche Recht umgesetzt worden.

Eine Person, die etwa wegen Zahlungsverzugs gemäß § 33 der Verordnung über Allgemeine Bedingungen für die Versorgung mit Wasser (AVBWasserV) von der Wasserversorgung ausgeschlossen wurde, könnte sich auf das Recht auf Wasser nach dem Sozialpakt berufen.[29]

2. Durchsetzung auf der internationalen Ebene

Auf der internationalen Ebene gibt es kein Gericht, vor dem Verletzungen der Vertragsstaaten gegen den Sozialpakt geltend gemacht werden könnten. Die Situation, wie sie auf der Grundlage der EMRK besteht, dass Einzelpersonen vor einem Gericht, dem EGMR, nach Erschöpfung des nationalen Rechtswegs den Vertragsstaat verklagen können, ist völkerrechtlich die Ausnahme.

In Bezug auf den Sozialpakt haben sich die 164 Vertragsstaaten nur darauf geeinigt, dass sie in regelmäßigen Abständen Bericht an den Wirtschafts- und Sozialrat der UN über den Fortschritt auf dem Gebiet der Rechte des Sozialpaktes erstatten.

[28] Court of Appeal, Civil Appeal No. CACLB-074-10; s. dazu *Christopher Mbazira*, Land Grabbing in Uganda by a Mulitnational Corporation (World Court of Human Rights), in: *Mark Gibney/Wouter Vandenhole*, Litigating Transnational Human Rights Obligations: Alternative Judgments, 2013, S. 186 ff.

[29] S. dazu *Silke Ruth Laskowski*, Das Menschenrecht auf Wasser, 2010, S. 194 ff.

Seit 2008 gibt es ein Fakultativprotokoll, das in Anlehnung an eine entsprechende Vereinbarung in Bezug auf den Internationalen Pakt für bürgerliche und politische Rechte Individuen die Möglichkeit eröffnet, Beschwerde zu erheben. Dieses Zusatzprotokoll wurde bisher jedoch nur von 21 Vertragsstaaten ratifiziert, Deutschland ist nicht darunter.[30] Auf eine solche Beschwerde hin prüft der Ausschuss für wirtschaftliche, soziale und politische Rechte, ob eine Verletzung vorliegt und teilt seine Auffassung dem Beschwerdeführer und dem Vertragsstaat mit.

Unmittelbar erschöpfen sich die Sanktionen also im naming und shaming. Allerdings ist es denkbar, dass Fördermittel, etwa der Weltbank, mit Anforderungen an Investitionen in die Wasserversorgung verbunden werden. Solche Anforderungen erhalten Legitimität auf der Grundlage der völkerrechtlichen Verpflichtung. Die Durchsetzung auf internationaler Ebene ist aber mit der innerhalb eines funktionierenden nationalen Rechtswesens nicht vergleichbar.

V. Recht auf Wasser in der deutschen Rechtsordnung

Zum Abschluss: Welche Bedeutung hat ein Menschenrecht auf Wasser in und für die deutsche Rechtsordnung? Wie schon gesagt, enthält das Grundgesetz kein ausdrückliches Recht auf Wasser; Art. 11 und 12 des Sozialpaktes sind aber als einfaches Recht anwendbar und würden angesichts der verfassungsrechtlichen Pflicht zur Völkerrechtsfreundlichkeit voraussichtlich im Sinne des Comment No 15 ausgelegt werden. Abgesehen davon weist das deutsche Recht eine klare Verantwortung des Staates für die Wasserversorgung auf.

Kern des Wasserrechts ist das Wasserhaushaltsgesetz. Dieses ist wiederum in weiten Teilen, namentlich soweit es um die Wasserqualität geht, eine Umsetzung der Wasserrahmenrichtlinie der EU aus dem Jahre 2000. Erwägungsgrund 1 der Wasserrahmenrichtlinie betont übrigens: Wasser ist keine übliche Handelsware, sondern ein ererbtes Gut, das geschützt, verteidigt und entsprechend behandelt werden muss.

Die Wasserrahmenrichlinie sieht ein integriertes Wassermanagement auf der Grundlage von Bewirtschaftungsplänen und Maß-

[30] S. https://treaties.un.org/Pages/ViewDetails.aspx?src=TREATY&mtdsg_no=IV-3-a&chapter=4&lang=en; Stand: 17.05.2016.

nahmenprogramm innerhalb von Flussgebietseinheiten vor. An deren Aufstellung ist die Öffentlichkeit zu beteiligen. Zahlreiche Regelungen, die zum großen Teil ebenfalls auf EU-Recht beruhen, enthalten detaillierte Anforderungen an die Wasserqualität.

Zur Einhaltung dieser Vorgaben bedürfen nach dem Wasserhaushaltsgesetz (WHG) alle relevanten Wassernutzungen einer Erlaubnis oder Bewilligung, die stets zeitlich begrenzt sowie widerruflich ist. Ein Anspruch auf Genehmigungserteilung besteht nicht. Mindestvoraussetzung ist stets die Vereinbarkeit mit dem Wohl der Allgemeinheit. Auch bei Vereinbarkeit steht den Wasserbehörden jedoch ein Bewirtschaftungsermessen zu. Gemeingebrauch, das heißt erlaubnisfreier Gebrauch, besteht nach Maßgabe des Landesrechts und umfasst zum Beispiel gemäß § 20 Wassergesetz von Baden-Württemberg (WG BW) in Bezug auf oberirdische Gewässer das Baden sowie das Schöpfen mit Handgefäßen, Tränken, Schwemmen und ähnlichen unschädlichen Verrichtungen. Umfasst ist auch die Entnahme von Wasser in geringen Mengen für die Landwirtschaft, die Forstwirtschaft und den Gartenbau. Der Eigentümer und Anliegergebrauch ist ebenfalls auf qualitativ und quantitativ unschädliche Nutzungen beschränkt. In Bezug auf das Grundwasser regelt § 42 WG BW die erlaubnisfreien Benutzungen. Sie umfassen die Bewässerung kleingärtnerisch genutzter Flächen in geringen Mengen, soweit keine signifikanten nachteiligen Auswirkungen auf den Wasserhaushalt zu besorgen sind.

Hinsichtlich der Organisation der öffentlichen Wasserversorgung bestimmt § 50 WHG, dass es sich um eine Aufgabe der Daseinsvorsorge handelt. Damit ist die staatliche Verantwortung für die Wasserversorgung einfachgesetzlich angeordnet. § 44 WG BW konkretisiert dies dahin, dass die öffentliche Wasserversorgung den Gemeinden als Aufgabe der Daseinsvorsorge obliegt. In der Tat gehört die Wasserversorgung in Deutschland traditionell, d. h. seit Anfang des 19. Jahrhunderts, zur kommunalen Daseinsvorsorge. Weiter heißt es in § 44 WG BW: „Die Gemeinde kann die Organisationsform frei wählen, soweit und solange die Erfüllung der Aufgabe gewährleistet ist. Der rechtliche Rahmen für mögliche Organisationsformen richtet sich nach Kommunalrecht, also nach der Gemeindeordnung Baden-Württemberg."

Innerhalb der Gemeinden besteht in der Regel Anschluss- und Benutzungszwang in Bezug auf die Wasser- und Abwasserleitungen, in Baden-Württemberg auf der Grundlage von § 11 Gemeindeordnung. Die Gemeinden erlassen entsprechende Satzungen, die auch

Ausnahmen vom Anschluss- und Benutzungszwang enthalten können. Angesichts dieser Rechtslage, die in den anderen Bundesländern vergleichbar ist, sind in Deutschland mehr als 99 Prozent aller Haushalte an die öffentliche Wasserversorgung angeschlossen.

Die Einordnung der Wasserversorgung als öffentliche Daseinsvorsorge und von Wasser als öffentlichem Gut hindert nicht, diese Leistung entgeltlich auszugestalten.

Schon die Wasserrahmenrichtlinie sieht in Art. 9 vor, dass die Wasserdienstleistungen kostendeckend erbracht werden, wobei dem Verursacherprinzip wie auch den umwelt- und ressourcenbezogenen Kosten Rechnung zu tragen ist. Wasserpreise haben also vor allem die Funktion eines umweltpolitischen Lenkungsinstruments. Die Entgelte können öffentlich-rechtlich als Gebühren oder privatrechtlich auf der Grundlage von Verträgen erhoben werden.

In jedem Fall gilt die auf der Grundlage des Gesetzes über die allgemeinen Geschäftsbedingungen erlassene Verordnung über allgemeine Bedingungen für die Versorgung mit Wasser. Gemäß § 33 Abs. 2 dieser Verordnung ist das Wasserversorgungsunternehmen berechtigt, bei Nichterfüllung einer Zahlungsverpflichtung die Versorgung nach Mahnung und zwei Wochen nach Androhung einzustellen, es sei denn die Maßnahme ist unverhältnismäßig. Bei wiederholter Nichtzahlung kann das Wasserunternehmen nach Androhung auch fristlos kündigen. Die Vereinbarkeit dieser Regelung mit dem Menschenrecht auf Wasser wird von Silke Laskowski, die sich in ihrer Habilitationsschrift auf über 900 Seiten mit diesem Recht befasst hat, bezweifelt.[31] Letztlich ist der Sozialhilfeträger verpflichtet, die Kosten zu übernehmen.

In Deutschland ist das Wasser ein öffentliches Gut, für dessen Qualität der Staat ebenso die Verantwortung trägt wie für die Wasserversorgung, die durch Anschluss- und Benutzungszwang verwirklicht wird. Der dauerhafte Ausschluss von der Wasserversorgung wegen Zahlungsunfähigkeit wird am Ende durch sozialstaatliche Ansprüche verhindert.

[31] *Silke Ruth Laskowski*, Das Menschenrecht auf Wasser, 2010, S. 846 f.

VI. Zusammenfassung und Ausblick

Das Recht auf Wasser begründet staatliche Verantwortung für die Wasserversorgung der Bevölkerung. Als Mindestinhalt des Menschenrechts auf Wasser besteht ein Anspruch auf sicheren und erreichbaren Zugang zu einer Versorgung mit mindestens 20 l sauberem Wasser pro Tag. Insoweit lässt sich auch ein Vorrang der Trinkwasserversorgung vor anderen Wassernutzungen bei der Wasserallokation begründen.

Das Menschenrecht auf Wasser schließt nicht aus, dass Wasser einen Preis hat, um eine sparsame Verwendung zu befördern und seine Verwendung zu lenken. Es schließt jedoch aus, Wasser als Ware zu begreifen. Wasser ist vielmehr ein öffentliches Gut, wie es auch einleitend und grundlegend in der Wasserrahmenrichtlinie der EU hervorgehoben wird.

Das Menschenrecht auf Wasser schließt ebenfalls nicht aus, dass die Wasserversorgung durch private Unternehmen erfolgt, entlässt dadurch aber nicht den Staat aus seiner Verantwortung. Dies fordert eine Regulierung der Wasserversorgung, welche die Einhaltung des Rechts auf Wasser auch durch Private sicherstellt.

Die völkerrechtliche Anerkennung eines Menschenrechts auf Wasser hat nicht zuletzt Auswirkungen auf die Bedingungen der Privatisierung der Wasserversorgung und der Überlassung von Wasserquellen an international tätige Wasserunternehmen.

Literatur

Boisson de Chazournes, Laurence, *Fresh Water in International Law*, 2013

Gibney, Mark/Vandenhole, Wouter (Hrsg.), *Litigating Transnational Human Rights Obligations: Alternative Judgements*, 2013

Laskowski, Silke Ruth, *Das Menschenrecht auf Wasser*, 2010

Mittal, Anu, *Right to clean water*, http://www.lawctopus.com/academike/right-to-clean-water/

Staud, Toralf, *Wasser – Wichtiger als Erdöl, Die Zeit v. 31. Januar 2012*, http://www.zeit.de/2002/06/staud_wasser.xml

Thielbörger, Pierre, *The Right(s) to Water. The Multi-Level Governance of a Unique Human Right*, 2014

Winkler, Inga T., *The Human Right to Water. Significance, Legal Status and Implications for Water Allocation*, 2012

Kolibri 360 GmbH
Ferdinand-Jühlke-Straße 7
99095 Erfurt, Deutschland
produktsicherheit@kolibri360.de